人类对外层空间的利用

——重返月球之路

Human Uses of Outer Space

Return to the Moon

[澳] 梅利莎·德·兹瓦特 (Melissa de Zwart) 等 编

王 暖 刘钟秀 郑 洁 译

芦 雪 汤亚锋 审校

中国宇航出版社

·北京·

图书在版编目（CIP）数据

人类对外层空间的利用 : 重返月球之路 / (澳) 梅利莎·德·兹瓦特 (Melissa de Zwart) 等编 ; 王暖, 刘钟秀, 郑洁译. -- 北京 : 中国宇航出版社, 2025. 9.
ISBN 978-7-5159-2597-4

Ⅰ. V1

中国国家版本馆CIP数据核字第20254UG363号

责任编辑　王杰琼　　**封面设计**　王晓武

出版发行　中国宇航出版社
社　址　北京市阜成路8号　**邮　编**　100830
(010)68768548
网　址　www.caphbook.com
经　销　新华书店
发行部　(010)68767386　(010)68371900
(010)68767382　(010)88100613(传真)
零售店　读者服务部　(010)68371105
承　印　北京厚诚则铭印刷科技有限公司

版　次　2025年9月第1版
2025年9月第1次印刷
规　格　710×1000
开　本　1/16
印　张　14.5
字　数　181千字
书　号　ISBN 978-7-5159-2597-4
定　价　89.00元

本书如有印装质量问题，可与发行部联系调换

贡献者

马尔科·阿利贝尔蒂（Marco Aliberti），奥地利维也纳欧洲空间政策研究所

亚当·詹姆斯·卡特（Adam James Carter），澳大利亚南澳阿德莱德市阿德莱德大学心理学院

奈杰尔·J. 库克（Nigel J. Cook），澳大利亚南澳阿德莱德市阿德莱德大学土木、环境和采矿工程学院

约翰·科尔顿（John Culton），澳大利亚南澳阿德莱德市阿德莱德大学安迪·托马斯太空资源中心

维尼修斯·古埃德斯·贡萨尔维斯·德·奥利维拉（Vinicius Guedes Gonçalves de Oliveira），澳大利亚南澳阿德莱德市弗林德斯大学商业、政府与法律学院

弗朗切斯科·德·兹瓦特（Francesco de Zwart），澳大利亚南澳阿德莱德市阿德莱德大学阿德莱德法学院

梅利莎·德·兹瓦特（Melissa de Zwart），澳大利亚南澳阿德莱德市弗林德斯大学商业、政府与法律学院

安娜斯塔西娅·叶约娃（Anastasia Ejova），澳大利亚南澳阿德莱德市阿德莱德大学北台校区健康与医学科学学院心理学系

贾斯汀·菲多克（Justin Fidock），澳大利亚堪培拉费尔贝恩国防部国防科技集团情报、监视和太空司

斯泰西·亨德森（Stacey Henderson），澳大利亚南澳阿德莱德市

弗林德斯大学商业、政府与法律学院

沃尔克·赫塞尔（Volker Hessel），澳大利亚南澳阿德莱德市阿德莱德大学化学工程与先进材料学院

曼努埃尔·瓦龙·奥约斯（Manuel Varon Hoyos），澳大利亚南澳阿德莱德市阿德莱德大学化学工程与先进材料学院

海蒂·隆（Heidi Long），澳大利亚南澳阿德莱德市阿德莱德大学心理学院

安娜·马-怀亚特（Anna Ma - Wyatt），澳大利亚南澳阿德莱德市阿德莱德大学心理学院，国家科学研究中心国际研究实验室（CNRS IRL CROSSING），

雷切尔·尼夫（Rachel Neef），澳大利亚南澳阿德莱德市阿德莱德大学阿德莱德法学院

杰西卡·奥·赖利（Jessica O'Rielly），澳大利亚南澳阿德莱德市阿德莱德大学心理学院

梅利莎·奥克斯拉德（Melissa Oxlad），澳大利亚南澳阿德莱德市阿德莱德大学心理学院

罗德里戈·普拉伊诺（Rodrigo Praino），澳大利亚南澳阿德莱德市弗林德斯大学商业、政府与法律学院

雷切尔·A. 西尔斯顿（Rachel A. Searston），澳大利亚南澳阿德莱德市阿德莱德大学北台校区健康与医学科学学院心理学系

卡罗琳·塞姆勒（Carolyn Semmler），澳大利亚南澳阿德莱德市阿德莱德大学北台校区健康与医学科学学院心理学系

雷切尔·斯蒂芬斯（Rachel Stephens），澳大利亚南澳阿德莱德市阿德莱德大学北台校区健康与医学科学学院心理学系

莎妮·惠特本（Sharni Whitburn），澳大利亚南澳阿德莱德市阿德莱德大学心理学院

目　录

第1章 人类重返月球

(Stacey Henderson 和 Melissa de Zwart)

摘 要 从目前来看，越来越多的人有可能需要在太空中长时间生活和工作。因此，除了思考如何进入太空这一工程问题之外，我们还必须关注更广泛的议题，即我们在到达太空后将如何生活。我们需要什么？在太空中长期生活对我们的情感、认知和身体会有什么影响？我们是否应该考虑我们对太空环境可能造成的影响？本章介绍了本书所包含的各种专业知识，这些知识多种多样但又互为补充，反映了不同领域的太空专家团队将如何合作，从而最大限度地提高任务成功率。

1.1 引言

目前，有关国家纷纷制订太空计划，旨在外层空间（包括月球）建立长期人类驻留地。虽然人类自2000年以来在近地轨道持续开展太

S. Henderson (✉) 和 M. de Zwart
澳大利亚南澳阿德莱德市弗林德斯大学商业、政府与法律学院。电子邮箱：stacey. henderson@flinders. edu. au

M. de Zwart et al. (eds.), Human Uses of Outer Space, Issues in Space, https://doi.org/10.1007/978-981-19-9462-3_1

空活动，但若要前往月球及其以外的空间，人类所面临的问题将更加复杂。美国及其合作伙伴计划通过“阿尔忒弥斯”（Artemis）任务创建“月球门户”（Lunar Gateway），预期将实现第一位女性和第二位男性登月（美国国家航空航天局，2021）。阿尔忒弥斯项目将为人类未来计划中的持续性火星任务奠定基础。此外，俄罗斯和中国宣布计划在月球上建立一个长期基地，并已开始部署作为该项目一部分的模块（Wall，2022）。此外，商业运营商还表示，他们计划在近地轨道、月球甚至火星上建立长期人居环境。

因此，月球上可能会存在多个基地，它们由包括国有和商业企业在内的实体建造（无论这些实体是竞争还是合作关系），这将给人类生存和任务取得成功带来新挑战。这些挑战不仅限于技术层面，要想成功应对，我们还需要从跨学科的角度进行思考。除了思考如何进入太空这一工程问题之外，我们还必须开始思考更广泛的问题，即如何在太空中生活。哪种人最适合生活在太空？以及如何筛选他们？要想在太空中生存和发展，哪些东西不可或缺？在太空中长期生活对我们的情感、认知和身体会有什么影响？法律如何为人类在太空生活提供保障？在太空之旅中，我们应该思考对环境造成的影响吗？本书将在各章节中探讨其中的一些问题。

1.2 人类重返月球——驻留月球

本书各章探讨的问题涉及人类、商业行为体以及人类在太空中长期存在背景下引发的地缘政治挑战和冲突。

被选中前往太空的人员，其个人特点将对任务的成败起到重要作用，其重要性也许远超航天技术。在第 2 章“圆满完成任务：筛选完美太空旅人的综合方法”中，Melissa Oxlad、Sharni Whitburn 和 Adam James Carter 从心理学的角度思考了如何从具备“合适素质”的人群中遴选宇航员。他们指出，随着时间的推移，对于宇航员需具备的“合适素质”，人们的观点发生了变化：技术专长不再是唯一的重点，而个人的技术专长、生理特质、心理特质和社会特质已成为遴选标准中更为广泛全面的考量因素。他们逐一描述了这些遴选维度，给出了遴选流程建议，以促进评估并遴选最合适的人上太空，从而取得最佳任务结果。

在规划深空驻留方面，一个关键的考量因素是长期驻留在太空对人心理变化和认知功能的影响。对于第 2 章中提出的心理问题，Anastasia Ejova、Rachel A. Searston、Rachel Stephens 和 Carolyn Semmler 在第 3 章“在深空中保持头脑清醒：认知科学家指南”中进行了深入探讨。他们思考了应该如何训练宇航员，使其能够在太空中执行关键任务；探讨了在飞行任务期间持续监测认知表现的重要性，以及如何在太空中长时间保持高效思维，防止犯错。

Anna Ma - Wyatt、Justin Fidock、Jessica O'Rielly、Heidi Long 和 John Culton 在第 4 章“深空驻留中人机交互面临的挑战与机遇”中探讨了人类与机器人之间的互动，这将是人类离开地球之后重要的活动之一。在复杂的环境中，人类与太空机器人之间的交互将是合作性的，这将包括与机器人飞行器的交互，机器人飞行器可由人类远程操作或监督。作者指出，人类在太空中持续活动将产生新的挑战，因为太空环境恶劣，宇航员在执行复杂任务时，监督控制常会受到近实时和延迟问题的影响。这些挑战包括信任建立和态势感知的维持，这两点对任务成功至关重要。根据远程团队长期人机交互研究的最新成果，包括人机团队合作的认知影响，第 4 章还论述了乘员组成对长期深空驻留可能产生的影响。

自人类探索太空以来，前向污染和后向污染始终是人们关注的风险点。人们在国际空间站上发现了细菌，这表明即使是在最恶劣的太空环境下也可能存在生命。在第 5 章“载人飞行任务的行星保护法律和伦理框架”中，Melissa de Zwart、Stacey Henderson 和 Rachel Neef 探讨了人类在月球或火星上可能造成污染并改变自然环境，以及从这些天体返回地球时可能会携带有害污染物。他们认为，在回答关于有害污染的问题时，不仅仅需要科学的方法，还需要从更广泛的伦理角度加以思考。具体而言，需要思考我们为什么要去太空，以及人类在月球和火星的持续存在可能会对这些天体和人类自身产生怎样的影响。

第 6 章“月球资源和供应链建议”中探讨了地月空间中的商业和经济活动。Manuel Varon Hoyos、Nigel J. Cook 和 Volker Hessel 思考了如何在太空环境中开展贸易和商业活动，而这需要建立一个供应链体系才能实现。作者探讨了太空独特环境条件对生产和供应链带来的挑战，以及将太空制造的商品交给客户所面临的物流障碍。他们指出，在建立太空经济和供应链并实现盈利之前，需要先在技术上取得重大突破。

在第 7 章“商业太空运营中的企业社会责任/环境、社会和治理及《阿尔忒弥斯协定》”中，Francesco de Zwart、Stacey Henderson 和 John Culton 进一步探讨了商业太空活动的相关议题。他们探讨了是否有必要在太空中履行企业社会责任，以及这对大型商业太空行为体可能意味着什么。作者认为，在商业太空活动中，企业社会责任和环境社会治理的领域、活动、原则和信息披露有可能被忽视，从而对企业行为体的股东目的产生意想不到的后果。

Marco Aliberti、Vinicius Guedes Gonçalves de Olivera 和 Rodrigo

Praino 在第 8 章“重返月球：合作与冲突”中指出，未来的月球探索活动似乎会以竞争方式为特征，这可能会导致国际航天界逐渐分化为两个独立且可能存在冲突的阵营。作者探讨了在人类重返月球的背景下，不同航天大国之间日益加剧的竞争关系的发展趋势。此外，该章还从政策角度分析了一系列问题，包括在月球表面创建安全区和文化遗址保护、月球资源的使用和开发等。

本章小结

本书以独特的跨学科方法探讨人类重返月球的计划。本书汇集的专业知识多种多样且互为补充，专门邀请不同领域的专家联合执笔，撰写各个章节，体现出在太空中所需的多样化团队协作能力。各个章节相互关联，由心理学家、法律专家、工程师和政策专家共同撰写，从而填补了太空研究中存在的空白，即以往研究者通常只关注狭隘的特定学科问题。本书强调了人类在太空恶劣环境中的需求，旨在为该领域的深入研究奠定基础。

参考文献

NASA（National Aeronautics and Space Administration）.（2021）. Artemis. https：//www. nasa. gov/ specials/artemis/.

Wall，M.（2022）. Not just Artemis：China and Russia plan to put boots on the Moon，too. Space. com. https：//www. space. com/china – russia – moon – base – ilrs.

第 2 章　圆满完成任务：筛选完美太空旅人的综合方法

Melissa Oxlad、Sharni Whitburn 和 Adam James Carter

摘　要　你是否曾想过去太空旅行？如何确定自己是否具备完成任务所需的特质，从而在个人、乘员团队和任务层面取得成功？自太空探索的早期阶段以来，遴选具备"合适素质"的人选担任宇航员始终是航天机构关注的重点。最初，这意味着选择具备相关技术专长的人。然而，随着时间的推移，尤其是在如今空间任务时间变长，且可能会在太空驻留的背景下，因此人们对"合适素质"的定义变得更加宽泛。虽然技术专长仍然是重要的素质，但我们需要采取一种综合的方法，把生理、心理和社会特质考虑在内。在身体素质方面，宇航员必须能够承受住太空飞行过程中的剧烈强度，以及微重力带来的影响。同时，在心理素质方面，宇航员需要具备合适的性格，耐得住孤独与寂寞。此外，宇航员还必须具备文化适应能力和出色的人际交往技能，以便在幽闭空间内与小团队共同生活，有效履行指定的角色，提供或响应合理的领导。本章将描述四个领域——技术专长、生理特质、心

M. Oxlad (✉) 、S. Whitburn 和 A. J. Carter
澳大利亚南澳阿德莱德市阿德莱德大学心理学院。电子邮箱：melissa. oxlad@adelaide. edu. au

M. de Zwart et al.（eds.），Human Uses of Outer Space，Issues in Space，https：//doi. org/10. 1007/978 - 981 - 19 - 9462 - 3 _ 2

理特质和社会特质，以便更好地选择最佳太空旅人，从而圆满取得积极结果。本章还将探讨任务目的和持续时间如何影响这四个领域及其重要性，任务类型不同（如太空游客、宇航员以及深空任务或太空驻留），需求各异。通过阅读本章，读者将清晰地认识到遴选领域和遴选流程中的关键点，从而能够评估自己是否适合太空旅行。

2.1 引言

大多数人认为，太空是人类最后一个待征服的疆域。夜空中闪亮的星宿散发着吸引力，激发着人类的好奇心，促使人们渴望探索大气层外的未知世界。20 世纪 60 年代初期，美国和俄罗斯率先拉开了太空竞赛的序幕，引发全球关注，激励了一代年轻人勇敢追求成为宇航员的梦想。然而，尽管梦想固然应该得到支持，但除了经济限制之外，还有许多其他原因导致太空旅行，尤其是长期太空旅行或驻留，只能由特定人群来实现。

自太空旅行开始以来，航天机构一直致力于挑选具备“合适素质”的人员参与项目。具备“合适素质”的人员是指那些拥有特定技能和特质，最适合应对这一重要角色所面临各种挑战的人选。虽然在传统上，尤其是在早期的太空探索中，那些具备恰当技术专长和能力的人员一直是机构遴选的重点，但乘员之间的匹配度和团队的和谐性等其他因素也早已被认定为执行长期太空任务所必需的素质（Nicholas 和 Foushee，1990）。在过去，专注于技术专长是一种成功的策略。因为被选中的人员往往属于一个同质化的群体，他们通常具备飞行员或军事背景，且执行的任务时长相对较短。然而，随着太空探索的不断发展，乘员的多样化程度有所提高，这可能会对任务的成败产生影响。

人选池的规模不断扩大，机构将从中挑选潜在的乘员。从全球来看，拥有一个或多个航天机构的国家数量不断增加，许多国家目前正在探索载人航天飞行和太空驻留的可能性。尽管人们对太空探索的兴趣渐浓，但从历史上看，美国国家航空航天局（National Aeronautics and Space Administration，NASA）大约遴选了 22 组宇航员（Blodgett，2022a，1 月 6 日），除此之外，宇航员的遴选相对来说并不频繁。例如，自 1978 年以来，欧洲空间局（European Space Agency，ESA）仅发布过三次宇航员申请通知（欧洲空间局，2021a），而俄罗斯直到 2012 年才首次进行宇航员的竞争性遴选（此前，被选中的宇航员只是那些身体素质处于巅峰状态的人员；《太空安全杂志》，2016）。

随着人们对太空旅行的兴趣日益增长，美国国家航空航天局在 2020 年 3 月 2 日—3 月 31 日期间进行的最新一轮宇航员招募中，共收到的申请超过 12 000 份（Blodgett，2022a，1 月 6 日）。欧洲空间局在 2021 年 3 月的招募中也遇到了同样的情况，收到的申请超过 23 000 份（欧洲空间局，2022），相较于 2008 年的 8 413 份申请大幅增加（欧洲空间局，2021b）。此外，SpaceX 等私营公司也在提供飞往地球和月球轨道及国际空间站（International Space Station，ISS）的商业航班，公众对蓝色起源（Blue Origin）和维珍银河（Virgin Galactic）等公司的太空旅行也越来越感兴趣。

此外，潜在的乘员将来自不同的性别和文化背景。除了宇航员和实验任务专家（他们通常是负责利用特定专业知识进行或监督飞行任务实验的人员）之外，越来越多的公众成员也将有机会参与其中，尽管他们的训练相对有限。同时，人员在太空中的停留时间将各不相同。例如，太空游客（为奢华体验付费的普通人，不承担宇航员的工作责任）的旅行时间相对短暂，而深空旅行者（其任务在地月轨道之外，包括前往火星的任务）将进行比以往时间更长的飞行任务。因此，随着太空旅行和驻留活动不断扩大，愿意尝试太空旅行的人越来越多，显然有必要重新评估遴选机制，以确保选取最佳人选，从而取得圆满的结果。

我们需要思考如下问题：首先，太空旅行的遴选标准应该是什么？然后，对于那些希望成为太空游客的人，与那些计划前往国际空间站、月球或火星并长期驻留的人相比，其选择标准和流程是否应有所不同？最后，哪些人最适合顺利完成太空驻留任务？

要想准确回答这些问题，我们尚需要时间并开展进一步研究。但凭借以往的经验以及我们对人体生理、心理和社会需求与能力的了解，可以为初步观点提供依据。因此，在推荐最佳人选时，最行之有效的是采取综合方法。首先，作为最低要求，所有参与者，包括乘员和实验任务专家，必须具备必要的专业技术能力。所需的技术专业水平会根据任务的性质和时间而有所不同，以便准确、安全地履行职责。除了技术专长，参与者还必须具备最佳的生理、心理和社会特质，以及最佳的能力和健康状况。

例如，在生理方面，身体要能够耐受太空飞行过程中剧烈的颠簸以及微重力环境带来的变化（在这种环境中，人和物体都是失重状态）。在心理方面，人们必须具备成功完成任务所需的人格特质，具有上进心和坚韧不拔的精神，耐得住孤独寂寞、单调乏味和在幽闭空间内生活的挑战。在社会特质方面，人们必须具备有效的人际交往能力，以应对与小团体在有限空间中长期共处的情况。人们还需具备文化敏感性和跨文化交往的能力，能够以尊重的态度与来自不同背景的乘员（包括身体残疾的乘员）进行互动，并能够履行任何指定的职责，提供或响应合理的领导。适合长期太空旅行的人选必须在技术专长、生理特质、心理特质和社会特质四个领域都具备优势（图 2 -1），下文将详细介绍各个领域。同时，应该认识到，即便是按照高素质标准和过往经验制定了最佳遴选流程，我们仍然需要考虑到个体差异。

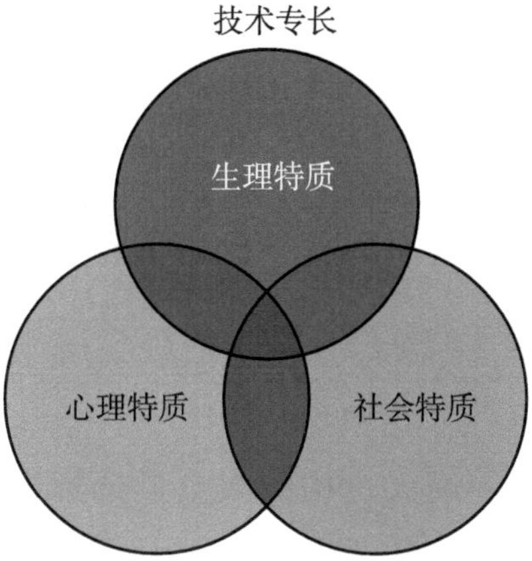

图 2-1　在遴选太空旅行的最佳人选时需要考虑的领域

宇航员遴选的具体步骤和所需时间因航天机构而异。以美国国家航空航天局为例，整个遴选过程大约需要 18 个月，通常包括以下步骤。

1）发布申请通知。

2）潜在宇航员提交申请。

3）审核申请，确认高素质的申请者。

4）可能会联系这些高素质申请者的推荐人，以便获取更多信息。

5）审查高素质申请者的材料，筛选出可能的面试人选。

6）邀请选定的高素质申请者前往约翰逊航天中心（Johnson Space Center）参加活动和初试。

7）在约翰逊航天中心进行第二轮活动和面试。

8）遴选并宣布宇航员候选人名单。

9）选定的候选人前往约翰逊航天中心报到（Blodgett，2021）。

同样，欧洲空间局的遴选流程也需要超过一年才能完成，具体步骤如下。

1）发布申请通知。

2）潜在宇航员提交申请。

3）初步筛选（包括对身体残疾的申请者进行额外的医学筛查）。

4）初步测试。

5）评估中心。

6）医学测试（包括对身体残疾的申请者进行医学审核）。

7）小组面试。

8）最终面试（欧洲空间局，2021a）。

表 2-1 对比了不同航天机构的太空遴选标准。需要注意的是，初步遴选并不意味着申请人一定会成为宇航员。经过初步遴选后，申请人将成为宇航员候选人，其必须接受进一步的严格训练和评估，这可能需要数年时间。成功完成训练是成为正式宇航员的必要条件，之后宇航员还需等待任务分配，并在任务确定后接受进一步的更为专业的任务训练。

表 2-1　不同航天机构太空遴选标准对比

遴选标准	美国[a]	欧洲[b]	俄罗斯[c]	中国[d]
公民身份	必须是美国公民或拥有美国双重国籍	奥地利、比利时、捷克共和国、丹麦、爱沙尼亚、芬兰、法国、德国、希腊、匈牙利、爱尔兰、意大利、拉脱维亚、立陶宛、卢森堡、荷兰、挪威、波兰、葡萄牙、罗马尼亚、斯洛文尼亚、西班牙、瑞典、瑞士和英国的任何公民	俄罗斯人	筛查政治忠诚度

续表

遴选标准	美国[a]	欧洲[b]	俄罗斯[c]	中国[d]
年龄	无年龄限制。最好在 26～46 岁(平均年龄为 34 岁)	最高年龄为 50 岁	33 岁以下	25～30 岁
技术要求	具备相应学位和 2 年专业相关经验或 1 000 h 喷气式飞机驾驶员经验		接受高等教育并获得学位,至少 5 年工作经验(在同一家公司供职年限至少满 3 年)	接受高等教育并获得学位
飞行员执照	有飞行员执照和飞行经验者优先,但非必需条件	不要求持有飞行员执照,但必须身体健康,足以胜任飞行员的任务		仅限现役军事飞行员,至少 800 飞行小时,有成功处理飞行紧急情况经验者优先
身体健康	必须在训练的第一个月通过游泳测试,并获得自携式水下呼吸器潜水执照(SCUBA),为太空行走训练做准备	愿意并能够进行剧烈的体力活动,精通游泳,愿意长时间在水下模拟微重力状态	身体素质: 60 m 跑:8.5 s 10 m×10 往返跑:26 s; 1 km 跑:3 min 35 s; 5 km 滑雪比赛:21 min; 立定跳远:230 cm; 引体向上:14 次; 双臂在单杠上静态弯曲:20 次; 单杠静态角度姿势:15 s; 25 m 游泳:19 s; 自由泳 200 m	身体健康且身体素质高
身体健康——视力	双眼视力达到 20/20,可通过眼部手术和佩戴眼镜改善视力	必须满足成为私人飞行员的要求		

续表

遴选标准	美国[a]	欧洲[b]	俄罗斯[c]	中国[d]
身体健康——听力		每只耳朵 25 dB 或以上		
身体——体型要求	必须符合宇航服和航天器的相应测量标准	必须符合太空交通工具的机身尺寸要求。 身高：150～190 cm； 体重指数（Body Mass Index，BMI）：正常范围	身高：150～190 cm； 坐姿高度：80～99 cm； 体重：50～90 kg； 最大肩宽：52 cm； 腋窝角之间的最大宽度：45 cm； 坐姿最大臀宽：41 cm； 最大脚长：29.5 cm	身高：160～172 cm； 体重：50～70 kg
心理		最重要的心理素质之一是必须愿意接受心理测试	对个性、气质、价值观、动机、智力、记忆力、注意力、感知力、抗压能力、在压力下工作的能力和时间期限进行筛查	心理健康且具备极高的心理素质
社会性	愿意掌握俄语能力	宇航员必须能够在幽闭空间内以及在压力条件下开展良好的团队合作。有作为团队一员实现挑战性目标的工作经验者优先考虑	对人的态度、宽容度、人际合作、冲突管理进行筛查	

注：a Blodgett（2022b）。
b 欧洲空间局（2021a）。
c《太空安全杂志》（2016）。
d《中国航天报告》（2016）。

2.2　技术专长

技术专长显然是申请者能否前往太空的一个基本前提，在长期任务中更是如此。事实上，美国国家航空航天局在早期曾将技术专长视为主要的遴选重点。尽管具体要求可能会因航天项目或机构而异，但宇航员通常需要在科学、技术、工程、数学（Science、Technology、Engineering、Mathematics，STEM）领域具备大学学历。以美国国家航空航天局为例，申请者必须至少拥有科学（生物、物理或计算机）、技术、工程或数学领域的硕士学位，并具备至少两年的相关专业经验，或者至少有 1 000 h 的喷气式飞机指挥飞行经验（Blodgett，2022b，2 月 8 日）。如果申请者没有硕士学位，但只要他们完成了至少两年的哲学博士（Doctorate in Philosophy，PhD）课程，或者获得医学博士学位，或完成国家认可的飞行员训练项目，或具有教学方面的相关资格和经验（前提是其学位为科学、工程或数学），则也符合申请条件（Blodgett，2022b，2 月 8 日）。同样，美国国家航空航天局也会考虑持有临床、心理、生理或实验心理学等相关领域学位（Blodgett，2022b，2 月 8 日）的申请者。

虽然美国国家航空航天局将重点放在确保必要的专业技术知识上，但某些看似对太空旅行有益的学位，如科技、社会科学、心理学、护理学、运动生理学和航空学中的部分领域等，并不被视为宇航员遴选的充分条件（Blodgett，2022b，2 月 8 日）。虽然美国国家航空航天局寻求的人选应具备科学、技术、工程或数学方面的素质，但该机构鼓励申请者选择个人感兴趣的领域，并不建议为申请宇航员而优先选择某一特定学科。

专业技术知识和技能始终是宇航员遴选的核心。事实上，招募人员在初期几乎只看重宇航员的技术能力，将他们视为各自领域中“最优秀人才”，但很少考虑乘员行为或匹配度（Nicholas，1990）。此外，在早期阶段，宇航员们的积极性太高了，他们只看重遨游太空所带来的这份荣誉，以至于他们并不关心其他乘员是谁，也不关心彼此是否匹配（Nicholas，1990）。早在1990年，研究人员就对这种方法提出了质疑，认为通过这种方法遴选出的宇航员难以在长时间的飞行任务中取得圆满结果，并指出曾有经验丰富的俄罗斯宇航员在执行长期任务中提到乘员行为和匹配度的重要性（Nicholas，1990）。

同时，研究人员还指出，单靠技术技能不足以确保成功完成飞行任务（Nicholas和Foushee，1990）。尽管这种方法在过去取得了一定成效，但研究人员认为现在存在着各种因素，可能会导致这种方法变得不再适用。例如，随着乘员人数增多、太空停留时间变长（从几天延长至几个月甚至数年），乘员需要更具自主性并承担更多的安全责任，加之任务自动化程度提高和乘员构成更加多样化，这些因素都可能带来各种潜在困难，包括乘员之间关系紧张等问题（Nicholas和Foushee，1990）。研究人员认识到，机构在遴选时不能再忽视宇航员的行为因素，在遴选宇航员时必须要把心理和社会特质及能力考虑在内，因为这些因素可能会对未来任务能否取得成功产生影响。他们指出，“尽管宇航员具备极高的专业技术素质，但若存在人际冲突，乘员的表现将会下降。换言之，遴选和训练的标准不能再拘泥于以往，即只看重专业技术技能”（Nicholas和Foushee，1990，第454页）。经过数年发展，这些见解被证明具有很强的现实意义，突出了在宇航员遴选流程中将专业技术技能与身体、心理和社会特性及能力相结合的重要性。

2.3 生理特质

宇航员必须处于最佳身体健康状态，以便安全地完成各类艰巨的任务。实际上，美国国家航空航天局要求所有潜在宇航员均须达到一系列医学标准，这些要求不可豁免。为了确保个人和全体乘员的安全并成功完成任务，宇航员不得有任何可能妨碍其完成所有必要任务的健康问题，也不能患有可能因训练和太空飞行而加重的疾病。具体的医学筛查内容会根据任务的时长而有所不同，但主要包括识别明显和无症状的疾病，以及评估可能影响任务的疾病风险（Gray 等，2019）。美国国家航空航天局的医学专家会评估宇航员执行正常职责的能力，并思考在太空中出现严重健康问题时所需的应对措施。

由于宇航员需具备最佳的健康状态，因此各航天机构实施了严格的标准，以确保宇航员的健康问题不会影响任务的成功。潜在宇航员必须视力良好，双眼视力需达到 20/20，或通过手术或眼镜达到该标准，部分项目还对听力有具体要求。其他可能导致个人无法成为宇航员的健康问题包括心血管疾病、耳鼻喉问题、肾脏疾病（如肾结石）、甲状腺问题、头痛/偏头痛以及精神和行为障碍（Gray 等，2019；Johnston 等，2014）。

此外，宇航员通常还需要达到人体测量（体型）要求。宇航员人选的身高、体重和比例须能够适合穿戴宇航服并安全进入所有航天器。其具体标准可能因航天机构而异，但通常要求申请者处于“正常”身高和体重范围内。关于性别是否应作为宇航员遴选的考量因素，由于存在人体特质和可能的健康差异，这一直是一个争议话题。例如，有观点认为，选择女性作为宇航员更合理，因此全女性乘员会更有利。因为相较于男性，女性通常体型较小（质量较轻，占用空间更少），消耗的氧气较少，产生的二氧化碳也较少，消耗品需求也较少，从而能够使用更小型的航天器（Landis，2000）。该观点的提出主要适用于全女性乘员前往火星（Landis，2000）。

航天机构不仅要考虑宇航员的既往病史，还必须权衡太空对人体的影响。当宇航员进入太空时，他们会经历微重力环境，这是一种近乎失重的状态，伴随着太空飞行而产生。这种环境给宇航员带来的直接影响是太空适应综合征，这是一种运动晕眩征，可能导致恶心、呕吐、头晕、头痛、疲劳、腹泻和食欲减退（Hodkinson 等，2017；Kornilova 和 Kozlovskaya，2003）。在宇航员适应周围环境的头几天内，通常会出现这种症状（Hodkinson 等，2017）。宇航员在太空船内是竖直悬浮的，但太空船外的环境却在不断移动和变化（De la Torre，2014）。如果宇航员依赖视觉线索获得信息，那么这种人群更容易出现太空适应综合征，因为他们的视觉线索与身体的方向不一致（Chen 等，2015）。

微重力环境最明显的生理效应之一是体液从下半身重新分布到上半身，导致面部肿胀和浮肿，腿部体积减小，看起来像是缩小了（Costa 等，2021；Hodkinson 等，2017）。此外，体液的重新分布会降低血压，从而减轻心脏负担，因此心脏会发生萎缩，变得更加像一个球形（May 等，2014）。这种生理变化似乎不会损害心血管功能或导致心律失常，但一些宇航员在飞行前可能会存在某些健康状况，从而增加罹患心血管疾病的风险（Sides 等，2005）。

视觉机能在太空飞行之前和期间也非常重要，并且与心血管功能一样，可能会受到微重力的影响。例如，宇航员在飞行过程中面临视觉损害及颅内压综合征（Visual Impairment Intracranial Pressure，VIIP），该病征于近期被更名为太空飞行相关神经眼部综合征（Spaceflight - Associated Neuroocular Sydrome，SANS）（Hodkinson 等，2017）。微重力导致体液重新分布，改变眼内颅压，这似乎会影响视力，已观察到的症状包括视神经鞘膨胀、视盘肿胀、眼球扁平化及棉絮斑（Khossravi 和 Hargens，2021；Mader 等，2011）。我们需要开展进一步研究，以便了解太空飞行相关神经眼部综合征的预防和应对措施，尤其是在前往月球和火星的长期任务中（Khossravi 和 Hargens，2021）。

在太空飞行期间，宇航员还会出现其他健康问题。例如，航天器内恒定的温度和湿度可能会影响宇航员的皮肤健康，许多宇航员报告出现皮疹、痤疮、发红、干燥、瘙痒、淤伤和皮肤脱屑，且伤口愈合缓慢（Braun 等，2019）。皮疹常见于头皮、脸部、脖子、躯干、手臂和手上（Braun 等，2019），这些皮肤问题被认为与太空环境和个人卫生习惯有关。人们认为，过度清洗和穿戴宇航服是导致皮肤脱屑的原因，而痤疮和发红则是卫生条件较差所致（Braun 等，2019）。宇航员们还报告缺乏卫生产品，部分宇航员对所提供的产品出现过敏反应。在某些情况下，宇航员可以使用护肤品，但由于工作需要，许多宇航员无法坚持使用（Braun 等，2019）。

在太空中，皮疹也可能是免疫系统失调引发的炎症反应（Crucian 等，2015；Crucian 等，2016）。微重力、辐射暴露、压力、昼夜节律变化、营养状况及长期隔离和封闭环境都可能会对包括免疫系统在内的各种身体系统产生不利影响（Crucian 等，2018；Ponomarev 等，2021）。一般而言，女性的免疫反应通常比男性更强，但她们也更容易患上自身免疫性疾病（Klein 和 Flanagan，2016；Ponomarev 等，2021）。然而，虽然预期存在性别相关的免疫系统功能差异，但在太空中尚未进行测试（Ponomarev 等，2021）。尽管如此，鉴于免疫功能可能面临的挑战，我们应该采取应对措施，帮助男性和女性调节免疫系统。这些应对措施包括在飞行前开展免疫筛查、疫苗接种、隔离、锻炼、充足的睡眠、压力管理技能、施加药物、功能性食品及营养补充品，如益生菌和维生素（Crucian 等，2018；Ponomarev 等，2021）。

其中，维生素D补充剂尤为重要。因为宇航员在执行太空任务的过程中会经历微重力环境，这会导致骨质流失，从而可能影响免疫系统功能（Costa等，2021；Crucian等，2018）。

微重力减少了人体负重，因此还会影响骨骼，变化包括成骨细胞（参与骨骼形成和矿化的细胞）活性降低，以及破骨细胞（参与骨骼分解和吸收的细胞）活性增加（Costa等，2021），最终导致骨质流失（Stavnichuk等，2020）。在太空中，宇航员通常每月会失去1%～2%的钙，但钙流失的速度会随着时间的推移有所降低（Landis，2000）。钙的减少会增加骨质疏松和骨折的风险。因此，有评论认为，女性宇航员不适合进行长期太空任务，因为女性通常面临更高的骨质疏松风险（Landis，2000）。不过，有人反驳了这一观点，认为尚不清楚骨质疏松和微重力导致的骨钙流失是否相似，现有数据也并未证实男性和女性宇航员之间的骨质流失存在差异（Landis，2000）。此外，在地球上，针对缓解绝经后出现的骨质疏松症，人们会进行身体锻炼并服用药物，宇航员在太空中使用这套办法也可最大限度地减少骨质流失（Landis，2000）。

太空旅行对睡眠的影响是宇航员面临的另一个重大健康风险。宇航员常常需要长时间保持清醒（Pandi-Perumal和Gonfalone，2016），而许多环境因素，如微重力、温度、噪声、振动、工作量、压力、孤立感和单调，都可能会对睡眠的质量和数量产生负面影响，从而导致睡眠不足（De la Torre，2014；Wu等，2018）。睡眠不足、困倦和疲劳会损害思维、记忆和判断能力，增大错误或事故的发生概率，从而危及乘员和任务的健康与安全（Pandi-Perumal和Gonfalone，2016；Wu等，2018）。在长期任务中，改善环境条件可有助于提高睡眠质量，如调整风速、降噪、降低二氧化碳浓度和调节温度，以及提供私密的睡眠区域、约束装置和舒适的睡袋（Wu 等，2018）。此外，还建议制定作息时间表和服用睡眠药物来帮助宇航员入睡（Wu 等，2018）。不过，在遴选乘员方面，机构也可以使用睡眠不足反应测试和基因型筛查，以挑选出那些不易受到睡眠不足影响的人员（Wu 等，2018）。

除了上述健康风险外，宇航员还必须应对辐射暴露问题，因为这可能会导致细胞的 DNA 损伤，并增加罹患某些癌症的风险（Hodkinson 等，2017）。但宇航员遴选流程可有助于在最大程度上降低这种潜在损害。在地球上，生活在高自然辐射区域的人群已经完全适应了外部辐射（Ghiassi－nejad 等，2002；Mortazavi 等，2003）。因此，在宇航员遴选中可以加入相关测试，以便选择那些对辐射敏感程度较低或辐射抵抗性较强的人员（Cortese 等，2018；Mortazavi 等，2003）。此外，暴露于高线性能量转移谱（LET）辐射可能会引发辐射适应性反应（Cortese 等，2018），而补充维生素 C 可减少电离辐射暴露所带来的不良影响（Mortazavi 等，2015）。

宇航员在执行任务期间不能返回地球，需要在太空中处理医疗事件，因此须掌握太空医学。例如，在应对紧急医疗事件方面，如心脏骤停等，人们已根据太空环境调整了各种心肺复苏方法，使其能够适应微重力条件。尽管这是有益之举，但在太空环境下很可能无法提供必要的后续护理。因此，应该通过严格的遴选流程在最大程度上降低发生心脏事件的风险（Hodkinson 等，2017）。此外，在医疗诊断方面也面临其他挑战。目前，国际空间站上的成像技术仅限于超声波（Hodkinson 等，2017），而太空环境会给药物带来不利影响，辐射暴露和过度振动可能会降解某些药物，因此药物的有效期必须足够长，且在过期后仍能保持药效稳定（Du 等，2011）。此外，微重力相关的生理变化也会影响身体对药物的反应。例如，对心血管系统造成的变化可能会改变身体对调节血压和心率药物的反应（Hodkinson 等，2017）。

宇航员显然面临许多健康风险，因此必须在飞行前保持最佳身体状态。尽管为了确保自己和同伴乘员的安全，宇航员们必须达到身体健康要求，但人们也越来越认识到，多样性和包容性是重要的价值观，其也有益于太空探索。因此，在最近一次宇航员招募中，欧洲空间局鼓励残障人士加入“无障碍宇航员飞行！可行性项目”（Parastronaut Fly! Feasibility Project），探索身体残障宇航员进入太空的可行性（欧洲空间局，2021a）。该项目尚属全球首例，共有 287 人申请，其中 29 人进入下一轮遴选（欧洲空间局，2022）。该举措规定，对于身体残障人士，若他们符合成为宇航员所需的所有技术和心理要求，但通常因身体残障而被排除在外，则可申请加入欧洲空间局宇航员后备队。入选者将协助确认和制定解决方案，目的是克服各种障碍，让身体残障人士也能进入太空，包括适应训练、航天器设备调整以及对自身健康的影响。

对于有资格提交申请的身体残障人士类型，欧洲空间局制定了具体的申请资格标准。在考虑到执行宇航员角色所需的能力后，欧洲空间局参考了残奥委会使用的分类，并根据当前技术可实际实施的调整，制定了这些标准（欧洲空间局，2021a）。因此，符合条件的身体残障包括下肢缺陷（先天性或截肢引起，包括单侧或双侧足部缺失至踝部以及单侧或双侧膝下腿部缺失）、腿长差异（出生时肢体缩短或外伤所致），以及身高矮小（低于 130 cm）（欧洲空间局，2021a）。此外，身体残障人士必须具备以下能力：能够阅读且在最低程度上借助视觉辅助设备；能够理解安全和紧急指示，并遵循口头指示；能够与太空和地面乘员沟通；能够自主移动，以确保在轨道上进行相应的自我照护行为；在压力下保持冷静；能够操作、维护和修理系统；能够与小群体在密闭空间内长时间工作（欧洲空间局，2021a）。与宇航员后备队中没有身体残障的宇航员一样，有身体残障的宇航员在需要时将接受特定太空任务的训练。

虽然对宇航员遴选的要求需做到全面考虑，但身体特质和健康状况显然仍是宇航员遴选的基本要素。宇航员的身体素质必须足够好，能够安全地使用所有设备，承受身体的各种压力，最大限度地降低在太空中发生健康状况恶化的可能性，并且需要了解太空医学，以便根据需要为自己或其他乘员提供帮助。此外，宇航员还必须具备相应的心理和社会特质。

2.4　心理特质

在太空探索和驻留过程中，宇航员们将面对各种个人和团队挑战，因此需要保持良好心态。在飞行前，机构将对宇航员实施心理遴选，旨在找出那些逻辑推理能力强、注意力集中以及视听和知觉能力强的人员（Manzey 等，1995）。此外，善于管理压力、工作导向性、忠诚心、高度同理心、攻击性低、幽默感强的人员也会受到青睐（Manzey 等，1995）。

事实上，遴选流程通常会考虑人格中的各个主要方面，如五大人格特质（开放性、尽责性、外向性、宜人性和神经质），从而确定宇航员的最佳人选。虽然某些人格特质可能比其他特质更受重视且有益于太空旅行，但灵活性和平衡性也同样重要。理想的宇航员应该表现出以下人格特质：神经质程度较低，这有利于团队凝聚力，使他们能够在漫长的太空任务中保持和谐。外向性程度较低（倾向于外向，对社交充满信心）/内向性程度较高（倾向于腼腆、安静、拘谨），从而能够适应孤立的太空环境和有限的社交互动（Bartone 等，2018；Landon 等，2017）。同时，一些表现出外向性的宇航员，特别是热情和社交能力方面的一些特质，可以提升乘员士气，有利于团队氛围和谐（Bartone 等，2018；Landon 等，2017）。因此，由既有内向又有外向宇航员组成的乘员团队可能值得进一步探讨（Bartone 等，2018）。此外，宇航员应表现出适度的开放性，从而促进团队沟通和适应能力；并具有高水平的宜人性，从而促进团队合作（Bartone 等，2018；Landon 等，2017）。尽责性，即组织性、周密性、勤奋和目标导向的倾向，通常是个人和团队表现及适应能力的强大预测因素，但其在太空中的作用却备受争议。尽责性也许在成就感方面有利于适宜性，但在可靠性方面，尽责性可能与适宜性不相关或呈负相关（Bartone 等，2018）。在尽责性方面，宇航员的得分通常高于普通人群，但是高度尽责的人可能会因通信延迟、设备故障和社交受限等困难而感到沮丧（Landon 等，2017）。尽责性可能对自我照护和在小团体中生活很重要，但仍需要进一步研究，以便真正了解其在乘员表现中的作用（Landon 等，2017）。总体而言，宇航员不存在完美的人格特质（Landon 等，2018），但为了在最大程度上发挥团队合作的效率，人们提出了以下人格特质组合：适度的尽责性，低水平至中高水平的外向性，适度的开放性，中高水平至高水平的宜人性，及高水平的情绪稳定性（Landon 等，2017）。

另外两个需要考虑的重要的人格特质是抗逆力（适应挑战性场景的能力）和坚韧性（应对挑战性场景中压力的能力）。考虑到宇航员在太空旅行中会遇到诸多挑战，因此坚韧性至关重要。同样，坚韧性的三个组成部分：承诺、控制和挑战，也是关键因素。承诺，即一个人在工作中看到目标和意义的能力（Bartone 等，2018），这对于宇航员来说尤为重要，因为他们为探索未知世界需要牺牲与家人和朋友共度的时光；控制，即一个人相信自己拥有完成任务所需的技能和资源的能力（Bartone 等，2018），这也是宇航员需要具备的特质，他们需要对自己和团队的能力充满信心；挑战，即一个人对新经验持开放态度以及将挑战视为学习和成长机会的能力（Bartone 等，2018），这有助于宇航员获得新经验，从问题中学习，避免重蹈覆辙。

除了人格特质外，宇航员还必须具备高度的动机，因为动机是团队和任务取得成功的一个关键要素。动机的表现形式可以是出于个人收益、相对收益和共同收益（Collins，2003）。其中，个人收益动机是为自己获取奖励而努力，相对收益动机是与他人竞争以获取奖励的动机，而共同收益动机则是与他人合作获得共同奖励的动机（Collins，2003）。表现出共同收益动机的人非常适合成为太空乘员，因为他们倾向于与他人合作，而团队合作是任务取得成功的重要一环（Collins，2003）。

在考虑宇航员最佳人选的心理特质时，人们忍受孤独的能力也是一个核心要素。远离家乡，身边只有寥寥数人，这可能会让宇航员产生孤独感（Landon 等，2017；Szocik 等，2018）。为了了解孤立感所产生的影响，研究人员在地球上进行了试验，试图模拟太空生活，这些试验被称为地球模拟研究（这是一种观察性研究，创建一个环境来模拟太空条件，并在身体上产生类似的生理、心理和社会影响）。结果表明，孤立感会导致焦虑增加、睡眠困难和易怒，而且随着与世隔绝时间的延长，可能导致抑郁加重（Collins，2003）。在考虑宇航员对孤立感的忍耐能力时，人格特质可能显得非常重要。较内向的人（腼腆、安静）因为对社交互动的需求较低，因此对孤立环境的适应程度可能会更强，尤其是在执行长时间任务期间（Bartone 等，2018）。

宇航员看到自己远离地球，地球在浩瀚的宇宙中如同一个遥远的小点，这更加剧了亲人远在千里之外的感觉，因此可能会显著增加孤立感并导致心理健康不佳（Kanas，2014）。这种被称为“地球不在视野中”的现象，可能会诱发宇航员产生思乡情绪、抑郁、精神病和自杀倾向（Kanas，2014）。因此，相关机构应评估人员应对孤立感的能力，同时思考各种方法，为宇航员保持心理健康提供支持。人们倾向于在与其进化环境相似的栖息地中体验积极的情感（Szocik 等，2018）。因此，利用图像、植物或虚拟现实（Virtual Reality，VR）技术，让宇航员与地球建立起联系，可有助于缓解孤立感，以及因地球不在视野中而产生的一些潜在不良影响。

在考虑太空中的心理健康问题时，宇航员必须要能够应对长时间生活在幽闭空间中的挑战。这是一种重要的能力，因为宇航员被限制在狭小的空间内，与之相关联的是敌意增加、易怒烦躁情绪渐涨、积极情绪逐渐枯萎（Collins，2003）以及随时间推移，身体和认知出现疲劳感（Basner 等，2014）。此外，有限的空间可能会导致宇航员之间过度熟悉，因此即使是他人无意之举，也会增添厌烦感（Peldszus 等，2014）。因此，宇航员必须情绪稳定，乘员之间要相互配合（Collins，2003）；宇航员还必须能够将航天器环境个性化，从而在最大程度上减少幽闭空间的不利影响（Peldszus 等，2014）。

尽管宇航员在任务期间有关键任务在身，但也会体会到太空环境中的单调和无聊，这些都是不可忽视的心理压力因素（Peldszus 等，2014），且可能增加幽闭空间带来的不良影响。外向者更容易感到无聊，这可能是一个问题。因为在所谓的“人格悖论”中（Suedfeld 和

Steel，2000)，外向者会寻求新奇刺激和冒险，因此最有可能志愿参与太空旅行（Suedfeld 和 Steel，2000)。面对日复一日的任务和单调乏味的环境，蜗居在幽闭空间内，身边是只有寥寥数人的小团体，外向者很可能会经历无聊，进而遭受不良影响（Peldszus 等，2014；Suedfeld 和 Steel，2000)。增加乘员背景和经验的多样性，以此提供新鲜感和刺激，特别是在任务后期，人们会寻求加入新鲜且有趣的事物，这有助于减少一部分单调乏味之感（Kanas，2014)。此外，在飞行期间，给乘员提供娱乐活动，协调他们的休闲生活，这可让乘员有时间进行非正式交流，有助于对抗单调（Manzey 等，1995)。在太空中，特别是在执行长期任务期间，宇航员可能会遭遇心理健康障碍，这凸显出应该在整个任务期间仔细开展乘员遴选和心理监测。对于深空任务和驻留，地面监测和双向通信将受到限制，不会有其他乘员来访，也没有补给航班（Manzey，2004)，这进一步说明应该认真遴选乘员，全面落实训练。宇航员会意识到，即使是小错误也可能会造成灾难性后果，并且他们的生命依赖科技维持，因此会产生高度的焦虑和恐慌感。在初次体验太空的兴奋感消退之后，宇航员可能会出现焦虑、抑郁、睡眠障碍以及乘员之间和乘员内部的冲突，这些问题可能会导致操作失误，影响乘员安全（Kass 等，1995)。

执行长时间飞行任务更易带来心理障碍。例如，据发现，在飞行任务时长超过 6 周的情况中，宇航员在任务过半后会经历显著的人际和心理障碍（Kanas，2014)，社交单调和无聊以及孤立感和幽闭的影响开始显现（Manzey，2004)。这些心理障碍在表现上可能有所不同，且文化可能会对心理健康障碍的表现和识别产生影响。例如，多项研究记录了俄罗斯宇航员经历的一种被称为“虚弱”或“虚脱”的状况，表现为头晕、乏力、睡眠和食欲紊乱、疲劳、烦躁不安、注意力不集中、头痛、易怒、情绪波动（De la Torre，2014；Kanas，2014）。相关机构应该注意各种不同的表现方式，并尽量选择心理健康状况达到最佳水平的人作为宇航员，从而在最大程度上降低宇航员在太空中出现心理健康问题的风险，且训练也应加入管理压力和提高幸福感的策略。

太空旅行要求人们保持最佳的心理健康状态。宇航员必须具备理想的人格特质，适当的动机，且能够忍受孤立感、单调、无聊和在幽闭空间生活。宇航员还必须能够管理自己的焦虑情绪，并且具备如下文所述的、成功完成任务所需的社会特质。

2.5 社会特质

除了具备必要的身体和心理特质外，宇航员还必须具备必要的社会技能，如高水平的人际交往能力和文化敏感性与适应能力。宇航员还必须能够在团队中担任一个或多个角色，尤其是领导者必须具备相应的成熟领导技能。

宇航员须具备高水平的人际交往技能，能够与小团体在幽闭的空间中长时间和谐地生活和工作。人际冲突多种多样，虽然不可能全部避免，但良好的人际交往技巧将有助于在最大程度上减少此类冲突，从而促进任务的成功完成。要想具备良好的人际交往技巧，就必须具备文化能力和敏感性，从而减少乘员沟通不畅和对团队表现产生不利影响的可能性（Landon 等，2017）。

宇航员的遴选者和宇航员本人都必须认识到文化的核心作用，尤其是在乘员队伍日益多样化和各国在太空活动中合作日益频繁的背景下。在招募宇航员的过程中通常会使用调查问卷，虽然这些问卷能提供有价值的信息，但在招募来自不同国家的宇航员时，由于语言的影响，过度依赖语言的问卷可能会对遴选产生负面影响（Goeters 和 Fassbender，1992）。因此，在招募过程之初就必须要考虑到多文化乘员之间存在的语言和文化差异，确保遴选流程能够准确评估申请人的心理状态且能做到公平。

必须要考虑到语言差异对宇航员之间互动的影响。多文化乘员在相互沟通时可能会遇到困难，而沟通不畅可能会导致在日常活动中出现错误（Landon 等，2017）。有观点认为，俄罗斯人的语言能力通常比美国人强（Ritsher，2005），在双语团队工作方面，相较于美国宇航员，俄罗斯宇航员表现得更灵活（Kanas 等，2000）。然而，语言差异并非不可克服。例如，执行北极任务的科考人员也处于一种孤立的环境，来自格陵兰岛、丹麦、英国和俄罗斯的成员仍能通过肢体语言成功地克服了交流困难（Leon 和 Sandal，2003）。实际上，其中有人明确表示："缺乏共同语言并没有造成真正的交流问题。通过肢体语言和眼神交流，我们能够很好地理解对方。"（Leon 和 Sandal，2003，第 263 页）。

在文化差异方面，不仅局限于语言。在遴选宇航员时，由于他们需要在幽闭的太空船中共处一室，因此隐私等文化规范也是重要的考虑因素。在一个多元文化团队里，习惯居住在狭小空间和彼此近距离生活的文化群体，可能会更快地适应太空船里的环境，但其也可能会意识不到其他乘员对隐私的需求。例如，俄语中没有"隐私"这个词，最接近的词是"孤独""隐居""保守秘密"（Ritsher，2005）。因此，对于表达隐私需求的其他宇航员，俄罗斯乘员可能会误解他们不友好或有冒犯之意（Ritsher，2005）。在遴选宇航员时，还必须考虑其他一些不太明显的文化差异。例如，中国和俄罗斯等国倾向于表现出高度的集体主义，人们更有可能具有相互依存的自我意识和为团队作出贡献的强烈动机（Arieli 和 Sagiv，2018；Ritsher，2005）。相比之下，美国等西方国家往往表现出高度的个人主义，人们更倾向于拥有独立的自我意识，并偏向于独自工作（Arieli 和 Sagiv，2018）。此外，无论是在公共场合还是私人场合，俄罗斯人往往更善于表达情感，能够自如地表现喜悦、兴奋等积极情绪和沮丧、愤怒等消极情绪（Ritsher，2005）。而来自其他文化背景，习惯于情感表达内敛的宇航员可能难以适应那些情感表达非常丰富的宇航员。因此，宇航员应具备文化敏感性和跨文化沟通能力，且在任务开始前应有互相了解的机会，这对促进理解彼此的文化规范、情感表达和个性会起到重要作用。

在遴选宇航员时，招募人员寻找的是那些能够完成具体角色的人选。关键角色包括指挥官（负责乘员活动和完成任务）、副驾驶（协助指挥官并负责飞行器和生命支持系统）和飞行工程师（负责维护与地面控制中心的通信系统）。根据任务类型的不同，这些角色可以由多人担任（Groemer 等，2020）。除了完成各自特定的工作任务，宇航员还可能承担各种其他团队角色，其范围涵盖广泛，包括组织者、执行者、挑战者、创新者、团队建设者和连接者（Mathieu 等，2015）。这些团队角色涉及前文提到的五大人格特质，即宇航员必备的重要心理特质。例如，团队建设者通常与宜人性相关联，因为他们具备与他人合作的能力；而创新者则与开放性相关联，因为他们会考虑不同的想法和观点（Mathieu 等，2015）。正如个人可能会承担多个具体的太空角色，他们也同样可能会承担一个或多个团队角色。只要所有角色都有人承担，那么团队就有可能取得成功（Anania 等，2017）。

任务成功的另一个关键是领导能力。乘员可能会将指挥官视为领导者，因此指挥官需要具备高水平的领导技能。领导风格多种多样，其中一些风格更适合于太空活动。此外，领导风格也可能会根据任务的长短而做出相应调整（Palinkas，2001）。例如，专断的领导风格可能有益于需要做出紧急决定的情况，但更具参与性的领导风格可以让乘员共同合作做出决定，并有可能维持乘员的士气（Nicholas 和 Foushee，1990）。在执行长时间任务方面，指挥官需要采取更高程度的灵活性，以便宇航员适应孤立感、幽闭和更多非结构化时间所带来的影响，因此需要采用以任务和支持为中心的领导风格（Palinkas，2001）。成功的领导者通常责任心强、情绪稳定、沟通有效，而追随者则需要具备适应性强、积极倾听并愿意将团队需求置于个人之上的特质（Landon 等，2017）。宇航员需要兼具领导者和追随者的特质，因为他们各有所长，获得的角色分配也各不相同（Landon 等，2017）。

宇航员的社会特质是取得太空任务成功的重要一环。宇航员必须具备高水平的人际交往技巧，以及文化敏感性和能力。此外，宇航员必须了解并接受所分配的角色，领导者必须具备并展示出色的领导技能，如表 2－2 所示。

表 2－2　读者活动 1：太空清单——你具备成为宇航员的条件吗？

宇航员必须具备的特质		回答：若符合条件，请选择“是”
技术专长	具备 STEM 相关资格	是/否
	具备所要求的经验水平	是/否
	具备飞行员资格和相关经验	是/否
生理特质	视力	是/否
	听力	是/否
	体型	是/否

续表

宇航员必须具备的特质		回答：若符合条件，请选择“是”
心理特质	人格——开放性、尽责性、外向性、宜人性、神经质	是/否
	具备忍受不确定性的能力	是/否
	动机——个人收益动机、相对收益动机、共同收益动机。共同收益动机会带来更好的结果	是/否
社会特质	团队特质——组织者、行动者、挑战者、创新者、团队建设者或连接者。每个角色都需要有人担任	是/否
	领导力——领导者和追随者的特质，优秀的宇航员应两者兼备	是/否
	导向性——以工作、掌握新知识和新技能，以及竞争为导向。以工作和掌握新知识和新技能为导向会产生更好的结果	是/否
文化特质	集体主义文化与个人主义文化——集体主义文化可能更有助于团队活动	是/否
	隐私和个人空间——某些文化已经适应了人们彼此间近距离生活	是/否
	外语能力——能够使用口头和身体语言与他人交流的人，将更有助于团队活动	是/否

2.6 对任务持续时间的考虑因素

采用综合方法遴选太空旅行的人员，把技术专长及生理、心理和社会特质考虑在内，这是最大化成功概率的关键策略。然而，每个领域（及其中的要素）在任务中的重要性会因任务持续时间的不同而有所不同（图 2 - 2）。

2001 年，Dennis Tito 前往国际空间站，正式开启了太空旅行时代。他支付了 2000 万美元，成为首位私人付费的太空旅行者，他在国际空间站停留了 6 天（Britannica，2021）。与此同时，包括 SpaceX、蓝色起源和维珍银河在内的私营公司也进入了市场，为普通人提供了

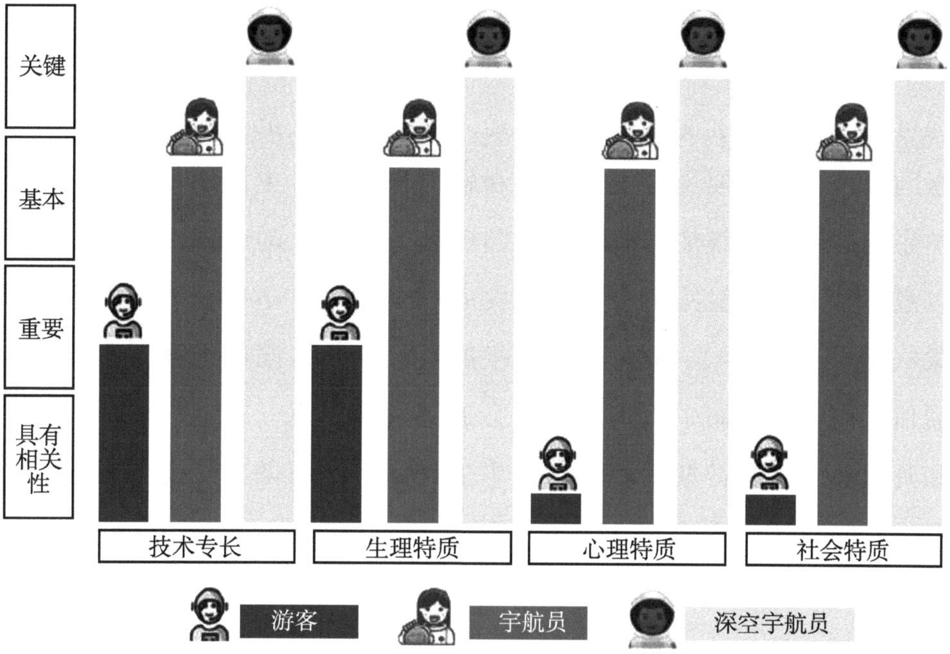

图 2－2　遴选维度的相对重要性

太空旅行的机会。虽然这些公司给游客提供的太空驻留时间差别显著，但太空游客在太空中停留的时间通常比宇航员短，远远少于那些进行深空旅行和长期驻留的人员。

对于希望成为太空游客的人来说，技术专长和生理特质在短暂的太空之旅期间是最重要的方面。虽然太空游客不需要具备特定的技术资格或不需要掌握广泛的知识和技能，但为了自身和同行者的安全，他们仍须参加相关训练，并按要求执行所有相关指令。此外，他们还必须身体健康，体型符合标准，以确保旅行安全。由于他们只是短时间离开地球，因此，相比之下心理和社会特质就不那么重要。此外，考虑到他们的旅行如此短暂，孤立感、无聊、幽闭、人际交往技巧、文化适应和领导能力等因素对任务能否取得成功的影响不大。

在太空旅游中，尽管一些遴选维度似乎显得不那么重要，且相关性也不高，但在遴选深空旅行和长期驻留任务的人员时，所有维度缺一不可。事实上，与宇航员执行的短期太空任务相比，所有这些维度都可能在重要性上变得更高。这是因为深空宇航员将面临更多极端应激因素，包括长期暴露于微重力和辐射环境、自主性增加、对生命维护系统的依赖性增加、极度孤立和孤独、社交互动有限、新奇感减少以及与家人的接触减少、文化冲突问题及“地球不在视线范围内”现象（Kanas，2014）。此外，深空宇航员将面临有限的地面监测和双向通信，向任务控制中心求助时还会遇到通信延迟。在前往国际空间站和月球的太空旅行期间，通信基本上是实时进行的，从通信到接收信息的时间只需几秒钟（Marquez 等，2019）。相比之下，在深空旅行中，宇航员离地球越远，通信延迟就越长。当在火星表面时，宇航员与地球任务控制中心的通信时延可达 4～40 min（Keebler 等，2015；Marquez 等，2019），这意味着在遇到问题或危机时无法进行实时任务监控或快速寻求指导。此外，在此期间不会有其他乘员来访或补给航班（Manzey，2004）。因此，深空宇航员需要具备更高程度的自主性、自力更生，并能够处理生理和心理健康问题（Keebler 等，2015）。

如果想要参与深空探索任务，宇航员需具备扎实的技术技能以执行各自任务。不仅如此，因为与地面控制中心通信延迟，且派遣援助所需的时间也很长，人员还必须能够解决和处理出现的各种困难（例如，前往火星的时间为 7～9 个月，宇航员需在火星上等待返回地球的最佳条件，等待期可达 17～20 个月）（Genta 和 Maffione，2019）。此外，这些宇航员还必须保持最佳身体健康状态，以应对因长时间暴露在微重力和辐射下带来的额外健康挑战。此外，宇航员需要有更高程度的自主性。由于通信延迟且无法提前返回地球，宇航员将面临艰巨的医疗照护挑战（Robertson 等，2020）。根据最新研究，在宇航员可能遭遇的医疗事件中，幸存率最高的是肩关节脱位、皮肤撕裂和上肢骨折，而突发性心脏骤停、败血症和心源性休克则最有可能对任务成功造成不利影响（Robertson 等，2020）。

任务期限延长也意味着心理和社会特质的重要性增加。宇航员与地面控制台和家人的沟通受到限制，将花费长达 7～9 个月的时间完成往返旅行，且为了达到返回地球的最佳条件，还需等待 17～20 个月的时间，期间与乘员在幽闭的环境中共处，因此宇航员的孤立感倍增（Genta 和 Maffione，2019）。在这种情况下，为了保障个人和乘员的福祉以及任务的成功，宇航员应情绪稳定、具备人际关系和冲突管理技能以及文化适应力，这些都是十分重要的特质，如表 2－3 所示。

表 2－3　读者活动 2：太空清单——你具备成为太空游客的条件吗？

太空游客应具备的特质		回答：若符合条件，请选择“是”
技术专长	愿意接受训练：2～5 天	是/否
生理特质	体检：飞行前体检和最后 1 min 体检	是/否
	四肢健全	是/否
	身高：152.4～193.0 cm	是/否
	体重：50～100 kg	是/否
	在 90 s 内爬完 7 层楼梯	是/否
社会特质	能适应无驾驶员/全自动飞船：6 名乘客	是/否
	能适应有人驾驶的飞船：4 名乘客	是/否
行驶时间	能行驶 11 min	是/否
	能至少行驶 90 min	是/否

本章小结

太空是人类尚未完全涉足的最后疆域，而随着太空探索活动的增加，希望前往太空一探究竟的人越来越多。考虑到固有的风险以及优化安全和任务成果的需要，我们必须制定各种方法，遴选最合适的人选参与探索任务。从传统上看，遴选流程的关键在于遴选少量乘员，他们具有相似的特质，通常具有航空或军事背景，并侧重于技术专长。但由于太空旅行的性质正在发生变化，包括乘员多样化程度提高、旅行原因不尽相同（包括太空游客及进行深空旅行和驻留的宇航员）以及时间长短不一（从几分钟到几年），因此有必要重新评估现行的遴选流程。鉴于这些变化，为了最大限度地提高飞行任务的成功率，遴选流程必须提高全面性和综合性。遴选流程必须考虑四个方面：技术专长，以及生理、心理和社会特质。根据任务时间长短和目的而定（短暂太空旅游还是深空驻留），每个方面的相对重要性将有所不同。本章对上述各方面都提出了应建议考虑的特质且概述了理由，用以指导挑选具有相应素质的人选；同时，也指出，不存在单一的完美太空旅行者，遴选时必须充分考虑到个体差异。此外，机构在决策时还必须权衡更广泛的因素，如乘员规模和构成（性别平衡、文化）以及任务时间的长短。最后，除了应谨慎制定遴选流程，提供恰当训练也必不可少，尤其在开启深空探索和驻留时，更应高度重视。

参考文献

Anania, E. C., Disher, T., Anglin, K. M., & Kring, J. P. (2017). Selecting for long-duration space exploration: Implications of personality. IEEE Aerospace Conference, 2017, 1-8. https://doi.org/10.1109/AERO.2017.7943814.

Arieli, S., & Sagiv, L. (2018). Culture and problem-solving: Congruency between the cultural mindset of individualism versus collectivism and problem type. Journal of Experimental Psychology. General, 147 (6), 789-814. https://doi.org/10.1037/xge0000444.

Bartone, P. T., Krueger, G. P., & Bartone, J. V. (2018). Individual differences in adaptability to isolated, confined, and extreme environments. Aerospace Medicine and Human Performance, 89 (6), 536-546. https://doi.org/10.3357/AMHP.4951.2018.

Basner, M., Dinges, D. F., Mollicone, D. J., Savelev, I., Ecker, A. J., Di Antonio, A., Jones, C. W., Hyder, E. C., Kan, K., & Morukov, B. V. (2014). Psychological and behavioral changes during confinement in a 520-day simulated interplanetary mission to mars. PLoS One, 9 (3), e93298. https://doi.org/10.1371/journal.pone.0093298.

Blodgett, R. (2021, September 24). Astronaut selection timeline. Astronaut Selection Timeline, NASA.

Blodgett, R. (2022a, January 6). Astronaut selection. https://www.

nasa. gov/feature/ astronaut - selection.

Blodgett, R. (2022b, February 8). Frequently asked questions. Frequently Asked Questions, NASA.

Braun, N., Thomas, S., Tronnier, H., & Heinrich, U. (2019). Self - reported skin changes by a selected number of astronauts after long - duration mission on ISS as part of the skin B project. Skin Pharmacology and Physiology, 32 (1), 52 - 57. https://doi. org/10. 1159/000494689.

Britannica, T. (Editors of Encyclopaedia). (2021, August 4). Dennis Tito. Encyclopedia Britannica. https://www. britannica. com/biography/Dennis - Tito.

Chen, W., Chao, J. - G., Chen, X. W., Wang, J. K., & Tan, C. (2015). Quantitative orientation preference and susceptibility to space motion sickness simulated in a virtual reality environment. Brain Research Bulletin, 113, 17 - 26. https://doi. org/10. 1016/j. brainresbull. 2015. 01. 007.

China Space Report. (2016). Astronaut selection and training - China space report (wordpress. com). Accessed 2022, April 19th.

Collins, D. L. (2003). Psychological issues relevant to astronaut selection for long - duration space flight: A review of the literature. Journal of Human Performance in Extreme Environments, 7 (1), 43 - 67. https://doi. org/10. 7771/2327 - 2937. 1021.

Cortese, F., Klokov, D., Osipov, A., et al. (2018). Vive la radiorésistance!: Converging research in radiobiology and biogerontology to enhance human radioresistance for deep space exploration and colonization. Oncotarget, 9 (18), 14692 - 14722. https://doi. org/10. 18632/oncotarget. 24461.

Costa, F., Ambesi - Impiombato, F. S., Beccari, T., Conte, C., Cataldi, S., Curcio, F., & Albi, E. (2021). Spaceflight Induced Disorders: Potential Nutritional Countermeasures. Frontiers in Bioengineering and Biotechnology, 9, 666683. https://doi. org/10. 3389/fbioe. 2021. 666683.

Crucian, B., Stowe, R. P., Mehta, S., Quiriarte, H., Pierson, D., & Sams, C. (2015). Alterations in adaptive immunity persist during long - duration spaceflight. NPJ Microgravity, 1 (1), 15013 - 15013. https://doi.org/10.1038/npjmgrav.2015.13.

Crucian, B., Babiak - Vazquez, A., Johnston, S., Pierson, D. L., Ott, C. M., & Sams, C. (2016). Incidence of clinical symptoms during long - duration orbital spaceflight. International Journal of General Medicine, 9, 383 - 391. https://doi.org/10.2147/IJGM.S114188.

Crucian, B. E., Choukèr, A., Simpson, R. J., Mehta, S., Marshall, G., Smith, S. M., Zwart, S. R., Heer, M., Ponomarev, S., Whitmire, A., Frippiat, J. P., Douglas, G. L., Lorenzi, H., Buchheim, J. I., Makedonas, G., Ginsburg, G. S., Ott, C. M., Pierson, D. L., Krieger, S. S., Baecker, N., et al. (2018). Immune system dysregulation during spaceflight: Potential countermeasures for deep space exploration missions. Frontiers in Immunology, 9, 1437. https://doi.org/10.3389/fimmu.2018.01437.

De la Torre, G. G. (2014). Cognitive neuroscience in space. Life (Basel, Switzerland), 4 (3), 281 - 294. https://doi.org/10.3390/life4030281.

Du, B., Daniels, V. R., Vaksman, Z., Boyd, J. L., Crady, C., & Putcha, L. (2011). Evaluation of physical and chemical changes in pharmaceuticals flown on space missions. The AAPS Journal, 13 (2), 299 - 308. https://doi.org/10.1208/s12248 - 011 - 9270 - 0.

European Space Agency. (2021a). Astronaut applicant handbook. ESA_Astrosel_Handbook.pdf.

European Space Agency. (2021b, June 23). Wide range of applications for ESA's astronaut selection. ESA - Wide range of applications for ESA's astronaut selection.

European Space Agency. (2022, January 18). Astronaut selection: stage one complete. ESA - Astronaut selection: stage one complete.

Genta, G., & Maffione, P. F. (2019). A graphical tool to design too - ways human Mars missions. Acta Astronautica, 154, 301 - 310. https://doi.org/10.1016/j.actaastro.2018.03.035.

Ghiassi - nejad, M., Mortazavi, S. M. J., Cameron, J. R., Niroomand - rad, A., & Karam, P. A. (2002). Very high background radiation areas of Ramsar, Iran: Preliminary biological studies. Health Physics, 82 (1), 87 - 93. https://doi.org/10.1097/00004032 - 200201000 - 00011.

Goeters, K. M., & Fassbender, C. (1992). Results of the ESA study on psychological selection of astronaut candidates for Columbus missions II: Personality assessment. Acta Astronautica, 27, 139 - 145. https://doi.org/10.1016/0094 - 5765 (92) 90190 - t.

Gray, G. W., Johnston, S. L., Saary, J., & Cook, T. (2019). Medical Evaluation and Standards. In M. Barratt, E. Baker, & S. Pool (Eds.), Principles of clinical medicine for space flight. Springer. https://doi.org/10.1007/978 - 1 - 4939 - 9889 - 0 _ 11.

Groemer, G., Gruber, S., Uebermasser, S., Soucek, A., Lalla, E. A., Lousada, J., Sams, S., Sejkora, N., Garnitschnig, S., Sattler, B., & Such, P. (2020). The AMADEE - 18 Mars analog expedition in the Dhofar region of Oman. Astrobiology, 20 (11), 1276 - 1286. https://doi.org/10.1089/ast.2019.2031.

Hodkinson, P. D., Anderton, R., Posselt, B., & Fong, K. (2017). An overview of space medicine. British Journal of Anaesthesia, 1, 143 - 153. https://doi.org/10.1093/bja/aex336.

Johnston, S. L., Blue, R. S., Jennings, R. T., Tarver, W. J., Gray, G. W. (2014). Astronaut medical selection during the shuttle era: 1981 - 2011. Aviation Space and Environmental Medicine, 85, 823 - 827. https://doi.org/

10.3357/ASEM.3968.2014.

Kanas, N. (2014). Psychosocial issues during an expedition to Mars. Acta Astronautica, 103, 73 - 80. https://doi.org/10.1016/j.actaastro.2014.06.026.

Kanas, N., Salnitskiy, V., Grund, E. M., Gushin, V., Weiss, O., Kozerenko, O., Sled, A., & Marmar, C. (2000). Interpersonal and cultural issues involving crews and ground personnel during Shuttle/Mir space missions. Aviation Space and Environmental Medicine, 71, A11 - A16.

Kass, J., Kass, R., & Samaltedinov, I. (1995). Psychological considerations of man in space: Problems & solutions. Acta Astronautica, 36 (8 - 12), 657 - 660. https://doi.org/10.1016/0094 - 5765 (95) 00155 - 7.

Keebler, J. R., Dietz, A. S., & Baker, A. L. (2015). Effects of Communication Lag in Long Duration Space Flight Missions: Potential Mitigation Strategies. Proceedings of the Human Factors and Ergonomics Society 59th Annual Meeting, 59 (1), 6 - 10. https://doi.org/10.1177/1541931215591002.

Khossravi, E. A., & Hargens, A. R. (2021). Visual disturbances during prolonged space missions. Current Opinion in Ophthalmology, 32 (1), 69 - 73. https://doi.org/10.1097/ICU.0000000000000724.

Klein, S. L., & Flanagan, K. L. (2016). Sex differences in immune responses. Nature reviews. Immunology, 16 (10), 626 - 638. https://doi.org/10.1038/nri.2016.90.

Kornilova, L. N., & Kozlovskaya, I. B. (2003). Neurosensory mechanisms of space adaptation syndrome. Human Physiology, 29, 527 - 538. https://doi.org/10.1023/A: 1025899413655.

Landis, G. (2000). An all - woman crew to Mars: A radical proposal. Space Policy, 16 (3), 167 - 179. https://doi.org/10.1016/s0265 - 9646 (00) 00020 - 5.

Landon, L. B., Rokholt, C., Slack, K. J., & Pecena, Y. (2017).

Selecting astronauts for long - duration exploration missions: Considerations for team performance and functioning. REACH - Reviews in Human Space Exploration, 5, 33 - 56. https://doi.org/10.1016/j.reach.2017.03.002.

Landon, L. B., Slack, K. J., & Barrett, J. D. (2018). Teamwork and collaboration in long - duration space missions: Going to extremes. The American Psychologist, 73 (4), 563 - 575. https://doi.org/10.1037/amp0000260.

Leon, G. R., & Sandal, G. M. (2003). Women and couples in isolated extreme environments: Applications for long - duration missions. Acta Astronautica, 53 (4), 259 - 267. https://doi.org/10.1016/S0094 - 5765 (03) 80003 - 6.

Mader, T. H., Gibson, C. R., Pass, A. F., Kramer, L. A., Lee, A. G., Fogarty, J., Tarver, W. J., Dervay, J. P., Hamilton, D. R., Sargsyan, A., Phillips, J. L., Tran, D., Lipsky, W., Choi, J., Stern, C., Kuyumjian, R., & Polk, J. D. (2011). Optic disc edema, globe flattening, choroidal folds, and hyperopic shifts observed in astronauts after long - duration space flight. Ophthalmology, 118 (10), 2058 - 2069. https://doi.org/10.1016/j.ophtha.2011.06.021.

Manzey, D. (2004). Human missions to Mars: New psychological challenges and research issues. Acta Astronautica, 55 (3 - 9), 781 - 790. https://doi.org/10.1016/j.actaastra.2004.05.013.

Manzey, D., Schiewe, A., & Fassbender, C. (1995). Psychological countermeasures for extended manned spaceflights. Acta Astronautica, 35 (4 - 5), 339 - 361. https://doi.org/10.1016/0094 - 5765 (95) 98736 - S.

Marquez, J. J., Hillenius, S., Deliz, I., Zheng, J., Kanefsky, B., & Gale, J. (2019). Enabling communication between astronauts and ground teams for space exploration missions. IEEE Aerospace Conference, 2019, 1 - 10. https://doi.org/10.1109/AERO.2019.8741593.

Mathieu, J. E., Tannenbaum, S. I., Kukenberger, M. R., Donsbach, J. S., & Alliger, G. M. (2015). Team role experience and orientation: A measure and tests of construct validity. Group & Organization Management, 40 (1), 6-34. https://doi.org/10.1177/1059601114562000.

May, C., Borowski, A., Martin, D., Popovic, Z., Negishi, K., Hussan, J. R., Gladding, P., Hunter, P., Iskovitz, I., Kassemi, M., Bungo, M., Levine, B., & Thomas, J. (2014). Affect of microgravity on cardia shape: Comparison of preand in-flight data to mathematical modeling. Journal of the American College of Cardiology, 63 (12), A1096-A1096. https://doi.org/10.1016/S0735-1097 (14) 61096-2.

Mortazavi, S. M., Cameron, J. R., & Niroomand-rad, A. (2003). Adaptive response studies may help choose astronauts for long-term space travel. Advances in Space Research, 31 (6), 1543-1551. https://doi.org/10.1016/s0273-1177 (03) 00089-9.

Mortazavi, S. M. J., Foadi, M., Mozdarani, H., Haghani, M., Mosleh-Shirazi, M. A., Abolghasemi, P., Nematollahi, S., & Sharifzadeh, S. (2015). Future role of vitamin C in radiation mitigation and its possible applications in manned deep space missions: survival study and the measurement of cell viability. International Journal of Radiation Research, 13 (1), 55-60. https://doi.org/10.7508/IJRR.2015.01.007.

Nicholas, J. (1990). Human duration in long-duration spaceflight: Introduction. Journal of Spacecraft and Rockets, 27 (5), 449-450. https://doi.org/10.2514/3.55614.

Nicholas, J., & Foushee, C. H. (1990). Organization, selection, and training of crews for extended spaceflight: Findings from analogs and implications. Journal of Spacecraft and Rockets, 27 (5), 451-456. https://doi.org/10.2514/3.26164.

Palinkas, L. A. (2001) . Psychosocial issues in long - term space flight: Overview. Gravitational and Space Biology Bulletin, 14 (2), 25 - 33.

Pandi - Perumal, S. R., & Gonfalone, A. A. (2016) . Sleep in space as a new medical frontier: the challenge of preserving normal sleep in the abnormal environment of space missions. Sleep Science, 9 (1), 1 - 4. https://doi.org/10.1016/j.slsci.2016.01.003.

Peldszus, R., Dalke, H., Pretlove, S., & Welch, C. (2014) . The perfect boring situation—Addressing the experience of monotony during crewed deep space missions through habitability design. Acta Astronautica, 94 (1), 262 - 276. https://doi.org/10.1016/j.actaastro.2013.04.024.

Ponomarev, S., Kalinin, S., Sadova, A., Rykova, M., Orlova, K., & Crucian, B. (2021) . Immunological Aspects of Isolation and Confinement. Frontiers in Immunology, 12, 697435 - 697435. https://doi.org/10.3389/fimmu.2021.697435.

Ritsher, J. B. (2005) . Cultural factors and the international space station. Aviation Space and Environmental Medicine, 76 (6 Suppl), B135 - B144.

Robertson, J. M., Dias, R. D., Gupta, A., Marshburn, T., Lipsitz, S. R., Pozner, C. N., Doyle, T. E., Smink, D. S., Musson, D. M., & Yule, S. (2020) . Medical event management for future deep space exploration missions to Mars. The Journal of Surgical Research, 246, 305 - 314. https://doi.org/10.1016/j/jss.2019.09.065.

Sides, M., Vernikos, J., Convertino, V., Stepanek, J., Tripp, L., Draeger, J., Hargens, A., KourtidouPapadeli, C., Pavy - LeTraon, A., Russomano, T., Wong, J., Buccello, R., Lee, P., Nagalia, V., & Saary, J. (2005) . The Bellagio report: Cardiovascular risk of spaceflight: Implications for the future of space travel. Aviation, Space and Environmental Medicine, 76 (9), 877 - 895.

Space Safety Magazine. (2016) . Historical evolution of Russian cosmonauts selection criteria. Historical evolution of Russian cosmonauts selection criteria – (spacesafetymagazine. com).

Stavnichuk, M. , Mikolajewicz, N. , Corlett, T. , Morris, M. , & Komarova, S. V. (2020) . A systematic review and meta – analysis of bone loss in space travelers. NPJ Microgravity, 6, 13. https://doi. org/10. 1038/s41526 – 020 – 0103 – 2.

Suedfeld, P. , & Steel, G. D. (2000) . The environmental psychology of capsule habitats. Annual Review of Psychology, 51 (1), 227 – 253.

Szocik, K. , Abood, S. , & Shelhamer, M. (2018) . Psychological and biological challenges of the Mars mission viewed through the construct of the evolution of fundamental human needs. Acta Astronautica, 152, 793 – 799. https://doi. org/10. 1016/j. actaastro. 2018. 10. 008.

Wu, B. , Wang, Y. , Wu, X. , Liu, D. , Xu, D. , & Wang, F. (2018) . On – orbit sleep problems of astronauts and countermeasures. Military Medical Research, 5, 17. https://doi. org/10. 1186/ s40779 – 018 – 0165 – 6.

第3章　在深空中保持头脑清醒：认知科学家指南

Anastasia Ejova、Rachel A. Searston、Rachel Stephens
和 Carolyn Semmler

摘　要　关于在太空中长期驻留会对人的心理产生什么影响，人类已在地球和太空环境中开展了相关探索。本章重点介绍认知科学领域的主要研究课题，这些课题将有助于规划深空驻留任务，并进一步发展维持和增强人类在太空中的认知功能所需的科学知识。本章阐述了认知科学家如何研究人类认知，以及随着这些知识扩展到新环境中，需要回答的未探索的问题。本章首先关注的是深空驻留人员的遴选——这些人需要具备哪些关键的认知特征？在确定有效测试方法方面，目前应如何改善，以遴选出最适合进入太空执行长期任务的人选？另一项挑战是如何训练这些人员在太空中执行关键任务——该如何设计训练计划，以促进持久而灵活的认知结构，从而有效适应太空固有的不可预测性？本章还探讨如何通过个人自身和外部设备监测认知表现——如何在太空中长时间维持高水平思维表现并防止犯错？若要能

A. Ejova (✉)、R. A. Searston、R. Stephens 和 C. Semmler，澳大利亚南澳阿德莱德市阿德莱德大学北台校区健康与医学科学学院心理学系。电子邮箱：anastasia. ejova@adelaide. edu. au

M. de Zwart et al.（eds.），Human Uses of Outer Space，Issues in Space，https：//doi.org/10.1007/978-981-19-9462-3_3

够适应陌生且极端的环境，我们需要深入了解认知功能的关键所在——认知结构，但关于太空环境将对认知结构中的生理和心理带来何种挑战，仍缺乏明确的科学证据支撑。

3.1　引言

人类需要保持清晰的思维才能成功探索包括月球和火星在内的深空。在近地轨道范围之外，美国国家航空航天局制订了宏伟的人类探索计划，包括月球表面作业和月球轨道前哨基地的建设（该前哨基地将成为通往火星的发射点）（Cassell，2019；Patel 等，2020）。在未来几十年内，人类将经历漫长的太空飞行，并在月球甚至火星上长期生活。执行深空任务不仅仅依赖于机器人，人类宇航员也将发挥重要作用，因为只有人类才具备解决问题的能力和灵活性。

图 3 - 1 及其后续内容是对宇航员雅典娜（Astronaut Athena）的描述，我们可以从中看到深空生活可能是什么样子，以及人类探险家将面临的一些挑战。正如美国国家航空航天局人类研究计划所承认的那样，在像雅典娜这样的人冒险登上月球及更远的星系之前，有一个重要的问题需要解决：人类需要具备哪些认知能力或思维才能成功完成深空任务并确保安全？为了选择合适的人员并向他们提供任务相关训练，应该考察哪些指标以验证人员具备清晰思维的能力？在执行任务期间，应如何监测并保持认知表现，需要降低哪些环境和心理风险？

让我们试想一名名叫雅典娜的宇航员，她驻留在月球前哨基地。前哨基地位于月球熔岩管内，这里可以预防辐射，抵抗极端温度变化，并防止陨石和微陨石撞击。因此，雅典娜的大部分时间都在这里度过。作为一名植物学家，雅典娜的主要职责是研究植物在月球上的生长情

图 3-1　在月球上的宇航员雅典娜（Le Moign，2018）

况，其中包括竹子——竹子有望成为建筑、家具、布料等方面的可持续材料。她的工作量很大，肩负重任的同时又面临着月球生活的种种风险，时常倍感压力，她的睡眠质量因此受到影响。雅典娜有时觉得自己难以集中注意力，变得健忘，但根据定期测试（这是必做项，用于监测表现），她并无大碍，也许她能够找到方法调整自己的状态。雅典娜想念温暖的阳光、新鲜的水果和蔬菜，想念悦耳的鸟鸣，她想好好洗个澡，依偎在柔软的床上，感受地球引力带来的踏实感。当然，最让她思念的还是家人和朋友。不过，雅典娜与她的登月团队结下了美好的新友谊，这次探险让她兴奋不已——她每天都要掐自己一把，告诉自己这不是在做梦！虽然需要一些调整，但雅典娜很享受这种轻盈的感觉——月球的引力是地球的 1/6。从月球望去，蔚蓝色的地球漂浮在漆黑的宇宙中，这将在雅典娜的心中成为永久珍藏的记忆。

如何确保像宇航员雅典娜这样的人在深空保持清晰的思维，这个问题恰恰是认知科学的范畴。认知科学是一个跨学科领域，囊括心理学、神经科学、哲学、语言学、人工智能和其他学科。在将认知科学应用于深空清晰思维的问题方面，基础科学方法发挥着重要作用，有助于阐述关于各种认知能力的理论，提出衡量这些能力的最佳方法，以及了解深空风险（如辐射、长期压力和失重）如何对认知产生影响（失重会影响分布在大脑和身体的体液）。应用科学方法也十分重要，有助于评估理论和措施如何转化为任务成果。虽然科学家还不能直接研究处于深空环境中的人类，但他们可以借鉴其他相关人群的数据（Patel 等，2020；Strangman 等，2014）。显然，我们可以研究在太空飞行过程中的人类，如在国际空间站上；还可以模拟孤立、封闭和极端（Isolated、Confined、Extreme，ICE）的环境，把深空或太空飞行中的某些要素加入进来，并对处于这种环境中的人进行研究。孤立、封闭和极端环境包括南极基地、隔离室或模拟太空营地、潜艇及登山探险等其他极端环境。

在认知科学领域，科学家已经确定并研究了许多类型的认知能力（Goldstein，2018；Quinlan 和 Dyson，2008）。图 3－2 展示了其中一些能力，并提供了典型描述。这些能力对于在深空中保持清晰思维具有同等重要的作用，但在太空和太空模拟环境中对它们的研究程度却各不相同（如 Strangman 等，2014）。可以想象，在深空任务中，这些能力将分别受到怎样的考验。以宇航员雅典娜为例：

1）雅典娜需要迅速适应充满风险的新环境，包括适应保证团队安全的程序、复杂的技术和团队的社会动态关系。这将依赖于她在长期记忆中学习和组织新信息的能力，以及在需要时有效检索这些信息的能力。

2）雅典娜的责任繁重，需要管控各种风险，她需要将注意力集中在最关键的信息上，并能在工作记忆中有效地处理这些信息。

3）由于月球引力较低，雅典娜需要调整自己的技能，以感知周围物体的相对位置和运动情况，并对自己身体的动作做出反应控制。

4）意外事件时有发生（如设备遭到微陨石损坏），因此雅典娜需要能够有效地进行推理，将现有知识应用于新情况，并以创造性的方式解决新问题，迅速做出最佳决策。

5）雅典娜需要对自己的认知能力有很强的洞察力，以便按照重要性和难度执行特定任务。也就是说，雅典娜需要具备健全的元认知能力，从而自我监测并管控所有其他能力。

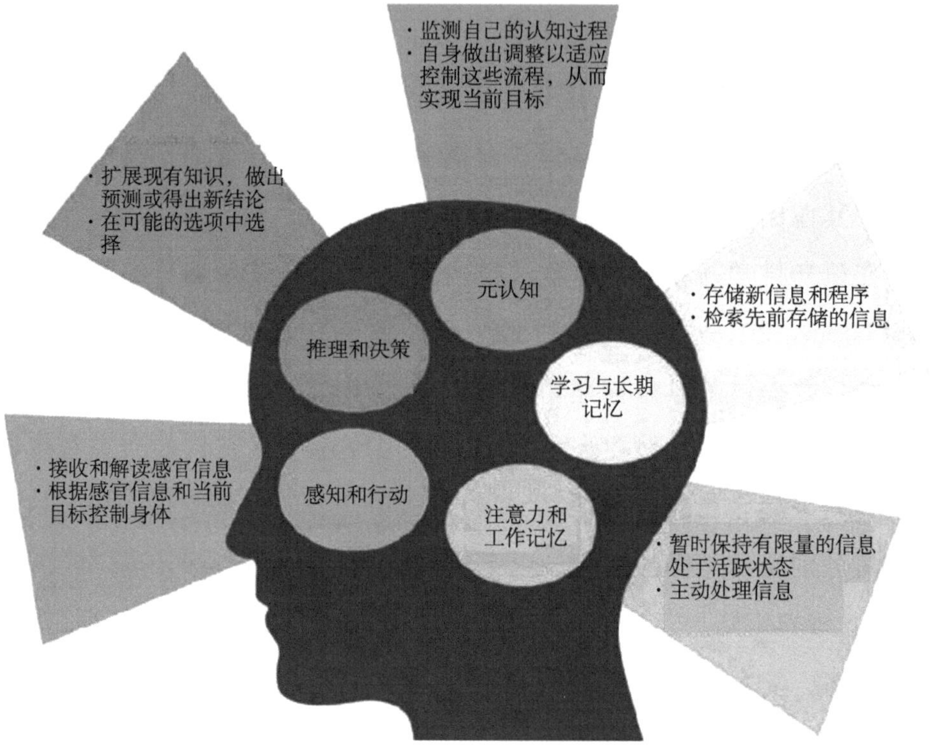

图 3－2　人类成功探索深空需要考虑的一些关键认知能力类型

本章将根据这些不同类型的关键认知能力，评述认知科学中关于遴选、训练和支持深空探索人员的最佳方式的研究。

3.2　如何遴选前往深空驻留的最佳人选？

与目前美国国家航空航天局的宇航员标准一样，雅典娜需要通过严格的遴选流程，并在宇航员候选者训练计划中完成至少两年的全日制训练。按照该计划规定，雅典娜将接受评估，以确定其是否适合执行特定任务，如为期 1～3 年的月球探测任务。初步遴选流程可能包括以下测试：

1）关于人格、团队合作精神和积极性的自我报告调查。

2）对简历和其他履历信息的评估。

3）面试，包括评估智力能力（图 3－3）、精神障碍症状、基本人格倾向、应用社交技能、兴趣和偏好及身体特质（Sgobba 等，2018）。

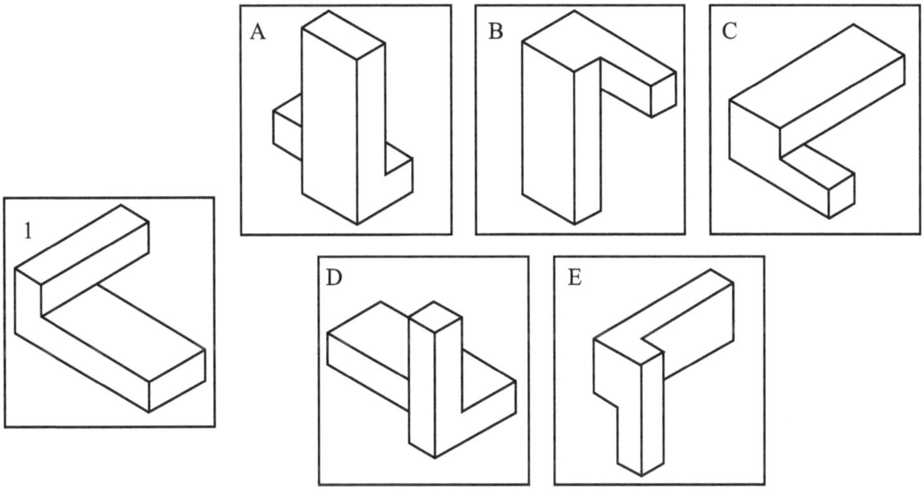

图 3－3　旋转方块——类似于遴选美国空军军官的智力测试问题（Carretta 和 Ree，1996）。测试要求应试者找出哪个形状（标有 A～E）是第一个形状（标有数字）旋转后的样子（每个问题都与此问题类似）

自我报告调查、心理能力测试及人格和心理障碍评估是心理学家的“标配工具”。这些工具经过几十年的研究与开发，通过追踪在不同环境中的预测能力（从学校到工作场所）而形成。因此，通常仅在经费充裕的情况下才会提供这些工具，并且仅对经过批准的用户开放，即心理健康从业者和研究人员（Miller 和 Lovler，2019）。

美国国家航空航天局没有公开其在遴选流程中使用的调查和测试

套题。这是因为购买和练习能力测试会提高成绩，而美国国家航空航天局不希望申请者提前练习（Sgobba 等，2018）。

对于未来的长期探索任务（1～3 年），美国国家航空航天局确定的关键能力如下（按重要性排序）：①心理/情绪稳定性；②在压力条件下的表现；③集体生活技能；④团队合作技能；⑤适当的家庭状况；⑥进取心；⑦推理和决策能力；⑧尽责性；⑨沟通能力；⑩领导能力（Galarza 和 Holland，1999）。前四项技能支持自我照护能力，在与他人紧密合作并完成团队关键任务方面，这些技能至关重要。忽视自我照护实践，如锻炼、营养、睡眠、关系管理和压力管理，会使个人在关键的团队或个人任务中处于不利状态（Sgobba 等，2018 年；另见本书第 2 章）。

认知科学家如何在遴选流程中提供协助，从而找出那些具备知识、技能、能力和态度，且能够承受长期探索任务压力的人员呢？美国国家心理健康研究所的认知科学家和神经科学家目前正致力于在现有的最佳测试中（无论是客观测试还是涉及自我报告的测试）全面反映人体机能的各个方面。在他们名为“研究领域标准倡议”（Research Domain Criteria Initiative，RDoC）（Morris 和 Cuthbert，2012）的项目中，这些科学家假设人体机能涉及以下系统：消极情绪和情感、积极情绪和情感、认知系统、社交处理系统、适应性唤醒和抑制系统，以及根据感觉输入规划和执行行动的“感觉运动”系统。所有系统又进一步细分，例如，认知系统包括注意力、感知、陈述性记忆（长期记忆中的综合事实和概念）、语言、认知控制（情感和认知系统的整合）和工作记忆（需要注意的是，研究领域标准倡议模型包括图 3－2 中的所有认知能力，只是配置略有不同）。为遴选宇航员制定的测试可用于评估上述子系统中特定方面的功能。例如，在认知控制“目标选择”方面，建议将执行功能行为评定量表（Roth 等，2013）作为其中的自我报告测试。该评定量表包括 75 个问题，受访者根据每个问题的要求，需对某个行为进行说明，如“决策困难”“从来不是问题”“有时是个问题”或“通常是个问题”。研究领域标准倡议的科学家还建议，应将类似图 3-3 中示例的心理旋转任务（以及其他“变化测试”任务）作为 13 种有效的客观测试之一，以便测试人员在记忆中主动保持新信息的能力。

美国国家航空航天局及孤立、封闭和极端领域的研究人员可以与研究领域标准倡议科学家合作，制定一套涵盖人体机能所有领域的测试组合。所有被选中在孤立、封闭和极端环境中长期执行任务的人员都可以使用这套组合，如在南极执行 7～8 个月的任务（且涵盖冬季）。个人和团队在长期的孤立、封闭和极端任务中通常会接受表现评估，因此会产生大量数据，以便于在遴选阶段识别哪些人体机能有助于预测人员在执行任务期间的表现。

在推进这项合作研究计划的过程中，人员在不同环境下的不同表现可有助于认知科学家制定定义和指标。其中需要特别指出的是，认知科学家拥有以下经验：

1）认知科学家拥有制定测试的经验，这些测试能够反映人员在一段时间内的持续性和学习情况，而不是以及格/不及格作为衡量标准（如 Luster 和 Pitts，2021；Rasmussen 和 Eliasmith，2013）。

2）认知科学家能够制定稳定程度更高、理论化程度更强的评分标准，用于涉及观察者判断的测试（Roth 和 Mavin，2015）。

3）认知科学家能够制定相关流程，将多项测试结果合并为某方面表现的指标（如 Mani 等，1999）。

研究发现，把人员在任务前期的身体机能表现与长期任务表现关联起来，有助于解决一个长期存在的问题——是否应将注意力和感觉运动技能作为宇航员遴选流程的一部分进行评估。众所周知，美国国家航空航天局的遴选系统对这些方面的重视程度不如俄罗斯系统（Sgobba等，2018）。然而，若人员在这方面的能力强，则在太空驻留的早期适应阶段有助于建立新环境的心理地图，因此这是一个非常重要的能力（Manzey和Lorenz，1998）。

研究领域标准倡议映射项目的另一个优势是，其总体目标是确定抑郁症、边缘型人格障碍和精神分裂症等精神疾病患者的人体机能变化机制。按照上文对雅典娜遴选流程的描述，美国国家航空航天局宇航员候选者训练计划的申请者都要接受精神障碍症状筛查，目的是确保入选者在面对压力、孤独和高压团队工作时具有抗压能力。与研究领域标准倡议团队合作，可促进美国国家航空航天局改进能力相关测试与精神测试相关标准之间的整合度。具体而言，研究领域标准倡议框架将人体机能定义为一种连续体，其状态表现分为高度功能性和精神疾病表征。因此，可以利用研究领域标准倡议框架来确定一名能力出众的乘员在工作中存在哪些微小的缺陷。随着时间的推移，这些缺陷可能会影响情绪稳定性，进而影响团队表现。

从更广的角度看，以人类认知和情感功能理论为基础，制定遴选流程，这将是发挥心理学多个分支学科作用的一项科学突破。制定用于人员遴选的能力和个性测试通常属于“个体差异”这门分支学科。情绪稳定性评估通常属于“临床心理学”的范畴。同时，认知科学一直在努力发展和检验有关大脑和思维结构的理论，促进人类高效发挥日常机能。因此，认知科学家的专长是测量人员在任何特定时间点的心智能力，而不是稳定的个体差异（Lee和Webb，2005）。太空驻留任务对遴选人员有着独特要求，因此为这些子领域相互交流提供了机会，有助于制定更健全的遴选流程。

3.3　能否为人员提供有效训练，从而实现深空驻留？

本章虚构了一位宇航员雅典娜，她是一名植物学家。现在，以她为视角试想，在距离地球表面 300 km 以上的月球前哨基地上，迈出第一步会是什么感觉。你已在地球上学习了多年的植物科学、园艺和生物技术。你已经接受了严格的体能和认知测试，包括大量智力测验，如图 3－3 所示的心理旋转任务。你已经花了无数个小时进行零重力模拟，让自己的身心做好准备，以应对微重力环境下的运作、移动和操作。尽管进行了精心的规划和准备，但每走一步，你都会闻到新的气味、看到新的景象、听到新的声音、遇到新的问题。除了对周围环境感到新奇，你的身体现在也开始因重力变化而发生着改变，这包括心血管、肌肉、骨骼和神经前庭。如果发生意外状况，援助远在天边，温暖的家遥不可及……

在学骑自行车时，我们可以安装一套训练车轮或从平衡车开始，从而安全地练习必要的运动模式和动作协调。同样，在学习新的外科技术时，医学生可以先在触觉模拟器或尸体上安全地进行练习，以此培养足够的能力，再尝试对第一位病人进行手术。海洋与深空的类似程度更高，潜艇兵通常先在陆上模拟器中练习战术和指挥操作，然后在海上进行辅助训练，最终进行无辅助的作战训练行动。即使是飞行员，也要先在身临其境的飞行模拟器中学习如何驾驶喷气式飞机和火箭飞机，然后进行部分任务飞行训练和更高级能力水平的完全独立飞行。在上述每个领域，训练环境都经过精心设计，以支持人员在与最终操作环境相似度极高的场景中逐步培养能力。相比之下，宇航员没有逐步熟悉太空这一操作环境的机会。宇航员要在地球之外生活数月甚至数年，但却没有什么像“学骑车”那样的训练辅助工具，因为探索宇宙是在挑战人类经验的极限，其中大部分环境仍然未知且陌生（Dietlein 和 Pestov，2004 年）。那么，该如何训练像雅典娜这样的宇航员，使其在月球表面的长途任务中发挥最佳机能，并保持头脑清晰呢？

要回答这个问题，需要了解人类如何将已有知识运用到新的类似情境。一个多世纪以来，这个问题一直困扰着教育工作者和心理学家。例如，在 19 世纪，曾广泛讲授语法、逻辑、记忆甚至拉丁语等形式训练，这在很大程度上是由于人们认为常识可以适用于任何具体情境（Nisbett 等，1987）。事实上，大多数现代训练项目的目标是让人们掌握足够持久的知识，从而不至于马上被遗忘；同时掌握足够灵活的技能，以便在各种情况下使用。对于训练计划而言，其是否取得成功的关键指标是人员对知识的长期保留情况，以及将技能迁移到新情境的能力，但这评估起来却有难度（Soderstrom 和 Bjork，2015）。人们通常会在训练期间或训练结束后立即测试表现，但长期学习和技能迁移却与此不同，最好是在经过有意识且较长时间的延迟期后再进行测试，使用的评估内容应包含类似但不同于训练情境中遇到的问题。这种“学习评估”与“表现评估”之间的区别，对于为雅典娜这样的宇航员设计有效的训练干预措施至关重要。因为矛盾的是，即使人员的表现没有任何提高，但也会长期保留技能。例如，陆军预备役人员在掌握了 M60 机枪的组装和拆卸任务后继续练习，与没有过度训练的人员相比，他们在过段时间后恢复熟练程度的速度更快（Schendel 和 Hagman，1982）。同样，在训练或学习期间观察到的表现提高也不能保证长期学习成果。例如，“填鸭式”考试这种常用的学习策略对于提高最初的考试成绩非常有效，但对于信息的长期保留以及将所学知识迁移到新问题和新情境中的能力却不理想，而在宇航员训练中这些能力非常重要（Bjork 等，2013）。

我们不想犯这样的错误：在设计训练计划时，只让宇航员“填鸭式”地接受训练，而无法保持持久的关键任务能力。因此，为了让植物学家做好在月球表面长期驻留的准备，训练计划需要能够促进提高长期能力，而不是短期表现。但是，能否设计出一种训练干预措施，有效地帮助人们将所学知识迁移到像月球甚至未来的火星这样陌生的环境中呢？大量认知科学证据表明，将所学知识迁移到新的情境中是非常困难的。事实上，学习的效果通常受到学习时所涉及的问题、学习材料和环境背景的影响。例如，Thorndike（1906）验证了前文所述的 19 世纪的观点，即逻辑和拉丁语等形式训练可以让人获得更多关于推理和解决问题的通用技能。研究发现，训练某一学科的规则实际上并不能自发泛化到其他学科（例如，学习数学并不能提高语言习得能力）（Thorndike，1906）。最近，人们对一项流行的脑力训练干预措施效果开展了广泛评述。结果发现，这些旨在改善一般认知功能和避免认知衰退的干预措施并没有带来持久的益处（Simons 等，2016）。脑力训练应用通常包含旨在提高某些特定认知能力的任务，类似于上文所述的心理旋转任务。虽然经过训练的任务会带来表现的显著提升(例如，训练心理旋转可以提高心理旋转能力)，但几乎没有证据表明与之密切相关或相距甚远的任务的表现会有提高（例如，训练心理旋转不会使人们成为更好的俄罗斯方块玩家，更不用说在人脸识别方面的能力）（Sims 和 Mayer，2002）。在国际象棋、法律、医学、心理学、化学和法医学等不同领域，技能和知识学习的高度特定性一再得到证明。这些文献表明，让雅典娜反复接受与她将遇到的问题类型相似程度不高的智力测验或训练，对提高她的推理能力或空间思维能力几乎没有帮助。

对准备进行太空长途任务的宇航员而言，学习和技能迁移确实是面临的一项实际挑战，但并非不可克服。如果我们的目标是促进持久能力的发展，使其能够应对在深空栖息地（如雅典娜所在的熔岩管前哨基地）中可能出现的一系列问题，那么认知科学和教育心理学研究则提供了一些线索，有助于我们改进设计，制订出更有效的训练计划。例如，认知负荷理论是设计教育干预措施的既定框架，该框架可对工作记忆负荷进行精心管理，优化长期记忆的发展和对新问题的学习迁移（Sweller 等，1998）。工作记忆是指人们有意识地将信息保存在脑海中的能力，它很容易超载（Miller，1956）。相比之下，长时记忆指的是人们长时间存储信息的能力，人们认为长期记忆是无限的。我们可以把长期记忆视为人类技能和专业知识的源泉，因为存储在长期记忆中的知识结构使人们能够快速识别和解决熟悉的情况和问题。例如，国际象棋大师凭借对棋盘配置的长期记忆，能够在任何给定的棋局中做出更多最优棋步（Chase 和 Simon，1973）。人们在学习新技能或进行太空飞行等新项目训练时，通常会遇到新问题或不熟悉的问题，这更需要工作记忆，因为人们的长期记忆内容无法立即为这些问题提供解决方案。因此，无论是教育计划还是训练计划，所面临的挑战都是如何将有限的工作记忆资源用于支持长期记忆中相关知识结构的发展。

雅典娜驻留在月球熔岩管中，这里距离地球 300 km 以外，对于她可能遇到的情况和问题，应如何让她做好最充分的准备呢？根据认知负荷理论，一个设计周密的训练计划应尽量减少在训练环境的外在因素上花费精力，而是将精力尽量用于内在的或与当前目标最相关的任务和过程中。因此，如果我们的目标是建立一个模拟训练环境，帮助雅典娜学习如何在月球表面操作月球车，那么可以先让她熟悉月球车的基本操作机械原理，而不需要加入其他沉浸式元素，如可能会让她工作记忆超负荷的人工零重力。如果模拟的沉浸感程度增加，这会导致认知负荷增加，从而可能会导致训练结果不佳（例如，请见 Frederiksen 等关于外科技能训练的举例，2020）。因此，我们面临的挑战是，随着雅典娜能力水平的提高，以及她有更多机会利用长期记忆结构支持更自主地解决问题，如何逐步让她增加接触沉浸感更高的月球车模拟场景？现有的空间模拟设施，如位于美国国家航空航天局约翰逊航天中心的人类探索研究模拟设施（Human Exploration Research Analog，HERA）（Patel 等，2020），为准备执行长期任务的宇航员提供了前景广阔的训练场地。沉浸式虚拟现实技术的进步也为宇航员构建可控的训练场景提供了新的机会，这种场景既能优化平衡工作记忆负荷，又能促进支持关键任务能力的长期记忆结构的发展。

3.4　如何在深空驻留期间保持最佳认知功能？

宇航员雅典娜已经进行了 7 个月的长期太空飞行。她注意到，在所驻留的模块中，各个系统都需要进行一些日常维护工作。她必须要执行这些任务，但现在已经超出了与地球通信的正常范围，无法获得地面乘员的任何指示或支持。她接受过这方面的训练，并认为自己记得这个过程中的所有步骤。她手边有一些知识点手册，同伴也会向她提供支持，但是她注意到自己正在经历“太空迷雾”，即注意力和记忆力方面的困难……

人类一直在不断挑战极限，在荒凉和艰苦的环境中寻求生存。能够洞察我们自己的认知，并根据这些洞察控制自身行为，这对生存至关重要。这种能力被广义地称为“元认知”，可以将其定义为有关自身认知过程和产物的知识，或任何与之相关的知识。例如，元认知涉及学习信息或数据的相关属性，并针对相关认知对象或数据积极监测和过程调节，这通常是为了实现某个目标或目的（Tarricone，2011）。这种宽泛的定义除非与可衡量的行为相关，否则用处不大。在上面的例子中，当雅典娜“认为自己记得”维护流程中的步骤，并意识到自己“在集中注意力方面遇到……困难”时，她就在进行元认知。这些洞察结果是雅典娜可以做出的可测量报告，她在认知测试中的表现，或者在涉及这些知识和技能的任务中的表现，都可以以量化的方式来确认或否定她的洞察。关键在于，如果雅典娜的判断是正确的，她的记忆力和注意力受损，那么她不应该执行这些任务，而应采取对策来减轻身体机能下降的问题，且预期这些对策应能重新调整她的元认知，避免身体机能与她对自身能力的判断不一致。

在20世纪60年代，认知科学家将元认知确定为一个独特的研究子领域。元认知的具体类型，如对知觉准确性的信心，其历史更为悠久，最早始于19世纪80年代进行的心理物理学实验（Peirce和Jastrow，1884）。无论关于元认知的实验如何，它们都有两个关键要素：①测量人员对任务的表现（记忆力、注意力、推理、检测、推断等）；②测量个人对自己表现的感知（方式为逐次试验）。许多问题都可以拿来当作元认知监测的指标，其中自信度、知觉感知（知道感）和学习评估是研究最多的方面。这三种判断大多与记忆力表现有关，但也被用于评估推理（Thompson等，2011）和问题解决任务中的元认知。描述元认知表现涉及对比客观表现与主观判断。在使用置信度作为指标的研究中，通过绘制校准曲线来描述客观表现与主观判断之间的关系，该曲线将正确决策的百分比与估计的确信度进行对比（通常以 0～100%的比例表示）。还可以进一步计算校准指标，以便确定研究中的参与者是过度自信还是信心不足，并以打分的形式评估他们的信心在区分正确和错误决策方面的表现（分辨力）。

3.5　基础科学如何看待长期太空驻留可能给人类元认知带来的挑战？

在太空飞行中，睡眠不足、辐射爆发和二氧化碳峰值暴露已被确认为是对人类认知能力可能构成威胁的因素（Strangman 等，2014），深空驻留人员也同样面临着它们的威胁。但人们对这些影响的认识程度如何呢？幸运的是，人们已经开展了某些元分析，描述了这些环境威胁分别对元认知表现构成了哪些影响，但这些分析仅限于陆地领域。近年来，Aidman 等（2019）论述了睡眠不足对元认知表现的影响。他们收集了 10 项研究，用以论述人类在睡眠不足时间长达 63 h 的情况下元认知的表现。这项综述考察了元认知表现的三个描述指标：信心、偏差（信心过度/信心不足）和辨别力（分辨力）。总体结果是，虽然在大多数任务中认知能力有所下降，但这些研究的参与者都意识到了这种下降，并相应地调整了各自的监测判断。但这些研究的方法质量不高，样本的年龄和性别也有限。此外，也有证据表明，为了应对睡眠不足带来的影响，参与者服用咖啡因和莫达非尼会导致自信过度（Kilpeläinen 等，2010）。在太空中，过度自信对生存造成的风险可能会显著增加。总之，有限的数据表明，至少在地球上，如果人类睡眠不足，其仍能保持合理水平的元认知能力。

在太空中，人类元认知表现面临的另一个潜在威胁是二氧化碳升高的影响。Beard（2020）进行了广泛的研究，发现高浓度二氧化碳对感知和认知至少有 14 种不同的影响。这些研究包括对快速决策（通过简单或选择反应时测试）、持续注意力和信息搜寻以及视觉感知（包括线条方向、立体感、色彩敏感度、深度知觉和连贯运动）的影响，但没有一项研究调查了二氧化碳对元认知表现的影响。需要再次强调的是，只有当人类自己认识到表现衰退并采取相应措施时，才能缓解这一问题。

人们对长时间太空飞行或模拟环境对元认知过程的影响了解多少？这些环境中的风险对人类认知能力构成影响，它们是否也会影响人类对自身能力的洞察力？首先从模拟环境入手，其中关于元认知表现的研究很少。Nelson 等（1990）在攀登珠穆朗玛峰时进行了一项研究，重点是回忆和识别记忆力表现。登山者（共 12 人）以实验者和参与者的角色相互测试。测试共有 6 轮，他们会在每轮测试中互换角色。他们发现，极端环境对认知感产生了负面影响，但记忆力表现本身并未受到影响。这项小型研究表明，元认知可能对极高海拔条件敏感。然而，考虑到样本的规模和当时记录测试结果所必须遵守的实际条件，需要重复研究这些结果。除此之外，元认知研究中存在混杂因素，近年来，这是一个备受批评的问题（Paulewicz 等，2020）。这表明，对于那些视为对元认知监测和控制有影响的因素，有必要开展谨慎的因果分析。总之，关于元认知会受到珠穆朗玛峰极端环境影响的证据还很有限，在了解孤立、封闭和极端环境对元认知表现的影响方面存在明显的研究空白。

3.6 在深空环境中，如何监测并保护元认知功能？

如果人们普遍认为认知表现会受到深空驻留的影响，那么问题是：

人们从何而知呢？自我报告中的“太空迷雾”是一个证据来源，但如果元认知也受到了损害，而太空驻留者并没有洞察到认知受损可能带来的危险，那么会怎么样呢？以实际的手段监测人类在太空中的认知情况，这一过程始终是一项挑战。人类为此开发出了许多快速且简单的测试任务。在衡量乘员表现方面，研究最透彻、应用最广泛的测试之一是精神运动警觉性测试（Basner 和 Dinges，2011）。这项测试要求受试者以最快的速度对屏幕上随机间歇出现的倒计时钟做出反应。如果受试者在时钟出现前做出反应，则记录为启动错误。除此以外，还可以进行自我报告测试，以评估压力和疲劳程度。这类测试包括要求人员填写睡眠日记，并对关于疲倦、精神疲劳、身体疲惫、压力和嗜睡等状态进行评估（共 11 个维度）。最终评分的结果依据时间点的不同而有所区分，包括晚上的工作量评分和早上的睡眠质量评分。这些自我报告并不真正属于元认知测试，因为它们与具体的认知功能或任务无关。不过，在非常普遍的意义上，它们确实在一定程度上说明了个体是否意识到了自己的表现可能在下降。近期，Tu 等（2021）发表了一份报告，其中记录了一种个体层面的整体建模方法（这是一种可以预测人类认知表现的机器学习技术），该方法可以让宇航员了解自己目前在精神运动警觉性测试中的表现（定义为他们的 LRM－50 分数）与个人历史以及二氧化碳水平、温度和辐射等环境变量的函数关系。他们利用宇航员在国际空间站进行太空飞行之前和飞行期间的数据开发出这种方法。虽然该方法在预测认知功能方面的能力令人赞叹，但实际上这些信息的价值是有限的，因为深空环境条件本质上具有不可预测性，因此无法建模。其他监测方法是通过可穿戴生理传感器来实现的，这些传感器可以确定心率和各种指标，这些指标被认为与个体所经历的压力程度相对应（Kim 等，2018）。但要再次说明的是，这些指标仍然是个体监测元认知的替代物。认知测试和自我报告测试需要时间来完成。但当面临紧急情况时，难以想象如何实际运用它们，以便让深空驻留者能够调整元认知监测，发现任何偏差，从而阻止自己犯下致命错误。

也许，防止元认知错误的较有希望的领域之一，就是开发和使用符合人体机能的技术。能够感知并弥补人类乘员认知缺陷的机器离我们并不遥远（Tu 等，2021）。例如，脑机接口可以确定注意力缺失或特定神经信号的主导地位，从而警告个体或队友该休息了。有关各种可能性的全面介绍，请参见 Cinel 等（2019），我们也许可以在这些进展中找到最佳解决方案。

本章小结

我们一直在关注雅典娜的艰辛历程，看她如何被选中并接受训练，以及如何适应深空驻留。在这一过程中，我们强调了对于深空中个体的认知功能，目前的研究尚缺乏了解，是一个空白领域。我们可以借鉴许多基础科学知识，这些知识有时也被用于理解个体在极端环境中的认知。但是，在了解个体长时间在太空中的认知功能方面，相关研究工作较少。因此，我们必须再接再厉，确保被派往这些环境中的宇航员能够长期生存并且取得成功。

长期执行太空探索任务会给身心带来压力，因此需要挑选的乘员应具备高水平的心理素质，对自我照护和团队合作抱有持续积极的态度。美国国家航空航天局没有公开遴选测试题库，目的是减少申请人提前练习。但若美国国家航空航天局对孤立、封闭和极端环境开展进一步研究，并系统性地跟踪标准化测试对人员表现的影响，这会带来许多好处。美国国家航空航天局应与认知科学家，包括研究领域标准倡议项目背后的科学家合作挑选这些测试。研究领域标准倡议项目旨在定义人体机能中的各个组成部分，从而确定对认知各方面最可靠的测试。此外，该项目还试图确定身体机能中的各种缺陷是如何与精神疾病相联系的。美国国家航空航天局、认知科学家和研究各种孤立、封闭和极端环境的领导者们可以开展合作，研究身体机能中的轻微缺陷对人员长期在孤立、封闭和极端环境中执行任务的影响。因为认知科学家的专长是设计瞬间表现测试，他们也可为评估宇航员在这些复杂环境中的能力表现，开发出新的表现指数。

深空驻留训练需要认识到一个关键挑战：在一种环境中培养的技能和能力不容易迁移到另一种环境。训练计划应让宇航员逐步接触他们在太空中可能遇到的各种情况，同时尽量减少无关的认知负荷来源，这样更有利于促进培养相关能力。事实上，这一挑战的关键在于需要对深空认知专业知识和技能形成具体认识并下定义。目前，这是未来研究的一个重要领域，其中必然会涉及实际挑战和新挑战，激发人们发展适应太空所需的认知结构。

人类之所以能够在地球上生存和繁衍数千年，其核心就是对自身认知有洞察力，并能够根据这种洞察力进行调整。人类可以被视为一个动态系统（van Gelder，1999）。这意味着人们需要对一段时间内的身体机能进行测试，以便捕捉到这种适应力。适应力还假定，人们能够意识到自己的表现何时偏离了最佳状态，以及如何使其恢复到最佳状态（这意味着元认知意识），而由于深空通信存在时间延迟的问题，这一点变得更加重要。也就是说，人们需要能够纠正自己的表现，或采取措施满足当前的需求。然而，太空给宇航员带来了独特的物理和生理挑战，这可能意味着需要对元认知过程和行为校准进行全面调整。

到目前为止，有关元认知如何受到长期太空飞行影响的证据还很有限。在协助训练和适应方面，最大的希望或许就是利用技术。在充满挑战的太空以及孤立、封闭和极端环境中，人类已经成功完成了许多任务。我们也同样认为，像宇航员雅典娜这样的人将在月球和火星的开拓性探险中取得胜利。在认知科学的支持下，通过相应的流程和训练，人类将能够保持清醒的头脑，并在深空驻留这一新的前沿领域大显身手。

贡献者

以下作者对本章各章节的撰写做出了重大贡献：

摘要：Semmler。

引言：Stephens。

宇航员遴选：Ejova。

宇航员训练：Searston。

宇航员认知功能保护：Semmler。

本章小结：Semmler。

参考文献

Aidman, E., Jackson, S. A., & Kleitman, S. (2019). Effects of sleep deprivation on executive functioning, cognitive abilities, metacognitive confidence, and decision making. Applied Cognitive Psychology, 33 (2), 188 - 200.

Basner, M., & Dinges, D. F. (2011). Maximizing sensitivity of the psychomotor vigilance test (PVT) to sleep loss. Sleep, 34 (5), 581 - 591. https://doi.org/10.1093/sleep/34.5.581.

Beard, B. (2020). Characterization of how CO_2 level may impact crew performance related to the HSIA risk. NASA technical memorandum series. NASA/TM - 20205011433.

Bjork, R. A., Dunlosky, J., & Kornell, N. (2013). Self - regulated learning: Beliefs, techniques, and illusions. Annual Review of Psychology, 64, 417 - 444. https://doi.org/10.1146/ annurev - psych - 113011 - 143823.

Carretta, T. R., & Ree, M. J. (1996). Factor structure of the air force officer qualifying test: Analysis and comparison. Military Psychology: The Official Journal of the Division of Military Psychology, 8 (1), 29 - 42. https:// doi.org/10.1207/s15327876mp0801 _ 3.

Cassell, A. M. (2019). Forward to the moon: NASA' s strategic plan for human exploration. NASA Ames Research Center ARC - E - DAA - TN73512.

Chase, W. G., & Simon, H. A. (1973). Perception in chess. Cognitive Psychology, 4, 55 - 81. https:// doi.org/10.1016/0010 - 0285 (73) 90004 - 2.

Cinel, C., Valeriani, D., & Poli, R. (2019). Neurotechnologies for human cognitive augmentation: Current state of the art and future prospects. Frontiers in Human Neuroscience, 13. https://doi.org/10.3389/fnhum.2019.00013.

Dietlein, L. F., & Pestov, I. D. (Eds.). (2004). Space biology and medicine: Volume IV. Health, performance, and safety of space crews. American Institute of Aeronautics and Astronautics.

Galarza, L., & Holland, A. W. (1999). Critical astronaut proficiencies required for long duration space flight. SAE Technical Paper 1999-01-2096.

Frederiksen, J. G., Sørensen, S. M. D., Konge, L., Svendsen, M. B. S., Nobel-Jørgensen, M., Bjerrum, F., & Andersen, S. A. W. (2020). Cognitive load and performance in immersive virtual reality versus conventional virtual reality simulation training of laparoscopic surgery: a randomized trial. Surgical endoscopy, 34 (3), 1244-1252. https://doi.org/10.1007/s00464-019-06887-8.

Goldstein, E. B. (2018). Cognitive psychology: Connecting mind, research, and everyday experience (5th ed.). Cengage.

Kilpeläinen, A. A., Huttunen, K. H., Lohi, J. J., & Lyytinen, H. (2010). Effect of caffeine on vigilance and cognitive performance during extended wakefulness. The International Journal of Aviation Psychology, 20 (2), 144-159.

Kim, H. G., Cheon, E. J., Bai, D. S., Lee, Y. H., & Koo, B. H. (2018). Stress and heart rate variability: A meta-analysis and review of the literature. Psychiatry Investigation, 15 (3), 235-245.

Le Moign, V. (2018). Woman Astronaut Image available athttps://commons.wikimedia.org/wiki/File: 179-woman-astronaut-1.svg.

Lee, M. D., & Webb, M. R. (2005). Modelling individual differences in cognition. Psychonomic Bulletin & Review, 12 (4), 605 - 621.

Luster, M. S., & Pitts, B. J. (2021). A preliminary investigation into learning behaviors in complex environments for human - in - the - loop cyber - physical systems. Proceedings of the Human Factors and Ergonomics Society Annual Meeting, 65 (1), 42 - 46.

Mani, S., Shankle, W. R., Dick, M. B., & Pazzani, M. J. (1999). Two - stage machine learning model for guideline development. Artificial Intelligence in Medicine, 16 (1), 51 - 71.

Manzey, D., & Lorenz, B. (1998). Mental performance during short - term and long - term spaceflight. Brain Research Reviews, 28 (1 - 2), 215 - 221.

Miller, G. A. (1956). The magical number seven, plus or minus two: Some limits on our capacity for processing information. Psychological Review, 63, 81 - 97.

Miller, L. A., & Lovler, R. L. (2019). Foundations of psychological testing. SAGE Publications.

Morris, S. E., & Cuthbert, B. N. (2012). Research domain criteria: Cognitive systems, neural circuits, and dimensions of behavior. Dialogues in Clinical Neuroscience, 14 (1), 29 - 37.

Nelson, T. O., Dunlosky, J., White, D. M., Steinburg, J., Townes, B. D., & Anderson, D. (1990). Cognition and metacognition at extreme altitudes on Mount Everest. Journal of Experimental Psychology, 119 (4), 367 - 374.

Nisbett, R., Fong, G., Lehman, D., & Cheng, P. (1987). Teaching Reasoning. Science (New York, N. Y.), 238, 625 - 631. https://doi.org/10.1126/science.3672116.

Patel, Z. S., Brunstetter, T. J., Tarver, W. J., Whitmire, A. M., Zwart, S. R., Smith, S. M., & Huff, J. L. (2020). Red risks for a journey to the red planet: The highest priority human health risks for a mission to Mars.

Nature Partner Journals: Microgravity, 6, 1 - 13.

Paulewicz, B., Siedlecka, M., & Koculak, M. (2020). Confounding in studies on metacognition: A preliminary causal analysis framework. Frontiers in Psychology, 11. https://doi.org/10.3389/fpsyg.2020.01933.

Quinlan, P., & Dyson, B. (2008). Cognitive psychology. Pearson.

Rasmussen, D., & Eliasmith, C. (2013). A neural reinforcement learning model for tasks with unknown time delays. Proceedings of the Annual Meeting of the Cognitive Science Society, 35 (35). https://escholarship.org/uc/item/5qb1w7nx.

Roth, W. - M., & Mavin, T. J. (2015). Peer assessment of aviation performance: Inconsistent for good reasons. Cognitive Science, 39 (2), 405 - 433.

Roth, R. M., Lance, C. E., Isquith, P. K., Fischer, A. S., & Giancola, P. R. (2013). Confirmatory factor analysis of the behavior rating inventory of executive function - adult version in healthy adults and application to attention - deficit/hyperactivity disorder. Archives of Clinical Neuropsychology, 28 (5), 425 - 434.

Schendel, J. D., & Hagman, J. D. (1982). On sustaining procedural skills over a prolonged retention interval. Journal of Applied Psychology, 67 (5), 605 - 610. https://doi.org/10.1037/0021 - 9010.67.5.605.

Sgobba, T., Landon, L. B., Marciacq, J. - B., Groen, E., Tikhonov, N., & Torchia, F. (2018). Chapter 16 - Selection and training. In T. Sgobba, B. Kanki, J. - F. Clervoy, & G. M. Sandal (Eds.), Space safety and human performance (pp. 721 - 793). Butterworth - Heinemann.

Simons, D. J., Boot, W. R., Charness, N., Gathercole, S. E., Chabris, C. F., Hambrick, D. Z., & Stine - Morrow, E. A. L. (2016). Do "brain - training" programs work? Psychological Science in the Public Interest, 17 (3), 103 - 186.

Sims, V. K., & Mayer, R. E. (2002). Domain specificity of spatial expertise: The case of video game players. Applied Cognitive Psychology, 16, 97-115.

Soderstrom, N. C., & Bjork, R. A. (2015). Learning versus performance: An integrative review. Perspectives on Psychological Science: A Journal of the Association for Psychological Science, 10 (2), 176-199. https://doi.org/10.1177/1745691615569000.

Strangman, G. E., Sipes, W., & Beven, G. (2014). Human cognitive performance in spaceflight and analogue environments. Aviation, Space, and Environmental Medicine, 85 (10), 1033-1048.

Sweller, J., van Merrienboer, J. J. G. & Paas, F. G. W. C. (1998). Cognitive architecture and instructional design. Educational Psychology Review, 10, 251-296. https://doi.org/10.102 3/A: 1022193728205.

Tarricone, P. (2011). The taxonomy of metacognition. Psychology Press.

Thompson, V. A., Prowse Turner, J. A., & Pennycook, G. (2011). Intuition, reasoning and metacognition. Cognitive Psychology, 63 (3), 107-140.

Thorndike, E. L. (1906). The principles of teaching based on psychology. A G Seiler. https://doi. org/10.1037/11487-000.

Tu, D., Basner, M., Smith, M. G., Williams, E. S., Ryder, V. E., Rosmoser, A. A., Ecker, A., Acschbach, D., Stahn, A. C., Jones, C., Howard, K., Kaizi-Lutu, M., Dinges, D. F., & Shou, H. (2021). Dynamic ensemble prediction of cognitive performance in space (NASA STI program technical publication series, NASA/TP-20210022966).

van Gelder, T. J. (1999). Dynamic approaches to cognition. In R. Wilson & F. Keil (Eds.), The MIT Encyclopaedia of cognitive sciences (pp. 244-246). MIT Press.

第 4 章　深空驻留中人机交互面临的挑战与机遇

Anna Ma－Wyatt、Justin Fidock、Jessica O'Rielly、Heidi Long 和 John Culton

摘　要　在长期深空驻留中，人机交互以及更广泛的人机组队将面临诸多挑战，与此同时这又是一种令人振奋的技术突破。在地球上，人机交互形式包括由人类远程操作的机器人飞行器（远程操作），或者是由人类监督的机器人飞行器（监督控制）。在这些场景中，机器人是否能顺利完成活动取决于人类操控，人类与机器人合作应对复杂环境。太空环境恶劣，在执行复杂任务过程中需要解决近实时和监督控制延迟的问题，这就产生了在保持态势感知和信任方面的新挑战。面对地球之外的恶劣环境，人机交互将在其中的大部分活动中发挥关键作用。因此，本章还思考了远程团队在长时间人机交互中可能面临的相关挑战。本章综述了与上述问题相关的最新成果，包括人机团队的认知影响，并进一步探讨了这些因素对长期驻留深空的乘员产生的潜在影响。

A. Ma－Wyatt (✉)
澳大利亚南澳阿德莱德市阿德莱德大学心理学院，国家科学研究中心国际研究实验室（CNRS IRL CROSSING）。电子邮箱：anna. mawyatt@adelaide. edu. au
J. Fidock
澳大利亚堪培拉费尔贝恩国防部国防科技集团情报、监视和太空司
J. O'Rielly、H. Long
澳大利亚南澳阿德莱德市阿德莱德大学心理学院
J. Culton
澳大利亚南澳阿德莱德市阿德莱德大学安迪·托马斯太空资源中心

M. de Zwart et al.（eds.），Human Uses of Outer Space，Issues in Space，https：//doi. org/10. 1007/978－981－19－9462－3＿4

4.1 引言

人类经常会与自动或半自动系统一起工作。这已经在运输和资源领域得到了部分应用。汽车自动驾驶尽管还不能全面铺开，但也在不断进步。随着自动和半自动系统的兴起，我们应该了解人类在与这些系统互动时的表现将如何变化，以及如何衡量这些变化。这一研究领域可称为“人类与自动化系统组队”或“人机组队”。人类与自动化系统合作的优势是显著的。例如，半自动列车既可用于大都市，也可用于矿山等偏远地区。但人类与自动化系统合作并不能完全消除出现负面结果的可能性。近年来，自动化系统功能发生错误的事件时有发生，人类在使用自动化系统时因操作失误从而酿成悲剧的新闻也屡见不鲜，人们开始关注如何构建各种系统，以便支持人类与自动化系统协同工作。在思考与长期人机协作相关的问题和机遇时，深空驻留是一个特别值得关注的使用案例。Crusan 等（2017）论述了建立长期深空驻留环境的复杂性，他们指出，在这项工作中，人类与机器人的整合任务将是其中的必要组成部分。

适用于人机组队的场景可能包括：人类可以通过监督控制处于“人机监督”模式，或通过远程操作处于“人机协同”状态。对机器人飞行器而言，如果配备乘员是非必选项，则人类操作员可能需要在远程操作和监督控制之间进行切换。多项研究表明，无论是监督控制还是远程操作以及在这两种状态之间切换，都会给人员带来认知负担。无论是与自动化还是半自动化系统互动，人类参与者的负担似乎都不会减轻。例如，经研究，使用监控驾驶会增加人类驾驶员的主观疲劳感（Neubauer 等，2012；Schmidt 等，2018），原因可能是单调或无聊导致的被动疲劳（Matthews 等，2019）。值得注意的是，在这种情况下，需要对汽车的半自动化或自动化功能进行监督控制。人员对外部危险的感知也会下降（Shen 和 Neyens，2017），有证据表明驾驶员对周围环境的认识下降（deWinter 等，2014）。此外，还有一个复杂的问题，即在远程操作或监督控制过程中，应如何衡量人员表现的变化。在远程操作和监督控制期间，眼球快速移动的终点分散程度可能会发生显著变化（如 Ma－Wyatt 等，2018b；2019）。作者将这些数据解释为，在监督控制期间，参与者探索环境的积极程度不高，这与其他报告中关于自动驾驶条件下注意力分配降低的说法一致（Solís－Marcos 等，2017）。

这些研究凸显了人机组队研究中的两个关键问题：一是需要了解如何量化和理解人类在真实环境中的表现，二是需要了解这与自动化或半自动化系统的功能和存在之间的关系。换言之，哪些是由于环境复杂性的变化造成的，这在多大程度上与自动化或半自动化系统互动有关。解决这一问题的方法不止一种。Ma－Wyatt 等（2018a）概述了评估方法是否适用于这一问题的关键标准：

1）评估方法不应直接干扰操作人员在执行任务过程中的表现。

2）评估方法应提供连续的信息流，以便持续监测操作人员的表现。时间分辨率需要足够长才能实现连续性，以便在出现负面风险时自动对系统进行干预。

3）评估方法的灵敏度应足以检测人类在当前环境和任务中的认知状态变化。

4）评估方法应具有高水平的时间分辨率，从而能够快速检测到变化。

5）评估方法需在身体姿势和方向方面保持不变性，允许人类自由移动，同时不会丢失数据。

虽然这些是理想化的标准，可能难以实现，但我们目前已朝着这一方向取得了重大进展。

其中的一个主要挑战是，如何明确在真实环境中对人类表现进行有意义的量化和描述，同时又不会对操作人员的表现造成干扰。为此，关于地球外场景的相关研究领域可为我们提供指导。我们希望从这些领域学到的经验和知识能够无缝地应用到在地球外进行人机组队期间可能遇到的情况。实际上，人们当前在实际操作环境中使用的方法能够有效地、不引起干扰地描述和监测人类的表现，因此我们可以从中获得许多见解。虽然方法多种多样，但我们选择了一个在地球环境中已经取得了良好效果的例子，以此说明监测人类表现所面临的挑战和机遇。

眼动跟踪是一种记录个体眼球运动或注视方向的技术。目前的眼动跟踪系统对用户的伤害极小，而且可以与已有的工作模式相结合。从目前的实施情况来看，这项技术已被应用于诸多领域，包括人机交互（Poole 和 Ball，2006）、高风险操作环境和飞行员驾驶舱（Ulutas 等，2020；Scannella 等，2018）。基于眼动跟踪行为的模型已被用于研究人机组队和互动（Dehais 等，2015）。该方法的优势在于，其满足了我们的第一条标准，因为眼动跟踪技术不会直接干扰操作人员在任务中的表现。

通过眼动跟踪技术，我们可以了解一个人在环境中的视线位置（Poole 和 Ball，2006）。这一指标具有实用性，因为研究表明，一个人眼球注视的焦点的方向和场景，可以让我们洞悉这个人当时可以获得什么样的信息，以及这些信息如何用于完成观察者的目标。例如，2015 年 Dehais 等利用眼动跟踪技术了解飞行员在突发飞行事件中的行为。在另一个例子中，研究者把眼球运动的顺序和模式与对操作人员个人工作模式的理解相结合，显示出这些眼球运动可以指示操作人员在空中交通管制环境中的任务分配情况（Svensson，没有提供日期）。他们的研究表明，根据操作人员参与的具体任务，他们的眼球运动会显示出特定的模式，操作人员在用户界面上观察的区域也会随着任务的不同而变化。

这些研究结果及其他类似结果（如 Diez 等，2001；Regis 等，2012）为眼动跟踪技术提供了示例，证明了这项技术在复杂、高风险的操作环境中的实用性。虽然这里只论述了在操作环境中用于无干扰监测人类表现的一种典型方法，但我们预计，这项技术可能会被大量推广到地球外场景中的人机组队领域。但要实现这一目标，还必须应对一些巨大的挑战。4.2 节将依次论述其中的一些挑战，虽然并非详尽无遗，但我们希望这些探讨能有助于提高对地球外环境人机组队（以及对这一领域的研究）中各个方面的了解，以便应对相关挑战。

4.2 人机组队研究面临的主要挑战：测试和预测的实时实用性

我们可以借鉴当前用于监测操作环境（尤其是那些与地球外环境类似的环境）中人类操作者的方法。然而，影响这些知识可用性的一个方面是如何在深空环境中快速处理这些数据，使其在实际操作中发挥作用。人机交互和人机组队（尤其是在深空环境中）是一个动态过程，且将始终如此。在这一组队过程中，实时量化交互过程，有能力快速有效地评估并根据信息做出关键改变，是必不可少的一环，在顺利交互中发挥着关键作用。因此，对这一过程的任何测量方法都必须要接近实时。这里将继续举例说明眼动跟踪技术的运用，借鉴邻近领域的例子，以深入了解操作人员在操作环境中的表现；此外，还思考了这些指标在实时环境中的效用。

我们连续采样了眼球运动行为所产生的信号，因此可以生成连续不断的信息流，这些信息可以用来实时分析和理解行为模式。以航空业为例，眼球运动模式已被证明可用于实时评估工作量。由于飞行员的工作量会随着飞行环境的变化而迅速波动，因此 Di Nocera 等（2007）评估了眼动测量法在实时了解工作量方面的效用。他们使用了根据连续注视位置记录得出的空间视线分散度度量。研究结果表明，在模拟飞行过程中，视线分散度度量对飞行员心理工作负荷的变化非常敏感。作者认为，因为可以从连续眼球位置信号中得出视线分散度度量，且数据处理成本较低，所以以此为基础的度量标准可能非常适合为实时技术（如人机组队场景中所需的技术）提供依据。

其他研究也表明，基于眼动的度量标准在实时自适应界面中可能很有用，可以优化用户的任务分配。Wilson 等（2010）利用对用户心理工作负荷的度量来实施自适应辅助系统。作者记录了 7 名参与者的生理信息，包括眼动跟踪、心电图和呼吸数据，同时他们还完成了美国国家航空航天局多属性测试组合（Multiple Attribute Test Battery，MATB）（Comstock 和 Amegard，1992）。Wilson 等（2010）利用这些信息，在多属性测试组合的 3 种工作负荷条件下（包括休息、低工作负荷和高工作负荷），基于 5 min 的参与者练习数据，训练了一种分类算法。根据主任务所需的视觉和听觉次级子任务数量，调整工作量条件。参与者完成了一轮测试，在测试过程中，研究者使用体现参与者内心状态的心理度量，在线评估他们的心理工作负荷。当检测到参与者的工作量较大时，自适应系统就会做出反应，减少参与者所需的子任务数量。结果显示，工作量分类算法的分类准确率很高，所有参与者的总体分类准确率介于69％～97％；自适应辅助也显著提高了参与者的任务表现，任务错误率减少了44％，资源管理错误率减少了33％。

总之，这些研究突出了利用人类表现量度来实时监测甚至修改操作人员和自动化行为的可能性，以此支持人机工作关系。虽然上文重点说明的示例主要集中在获取信息的一种方法上（如眼动跟踪），但不难看出，可以把这些例子扩展到如地球外环境等邻近领域的操作。

4.3 地球外环境的复杂性及其与人机交互和人机组队的关系

不过，必须注意到的是，这些标准有一个前提，即假定人们已经明确了解了环境特性，且可以使用仪器。但这些假设在深空可能并不适用，且相关问题也非常明显。深空充满挑战，其中的环境具有极端性。人们不可能短时间内返回地球。与在地球上操作相比，自动驾驶和半自动驾驶车辆的延迟时间会更长，因此在复杂环境中使用自动驾驶和半自动驾驶车辆面临挑战，因为执行新指令需要能够接受这种严重的延迟。因此，机器人可能需要更多的远程操作，而人类操作员的相关监督控制则比在地球上的时间更长，也需要更加谨慎。无论是自身生存还是工作，人们的日常生活都将更加依赖人类与自动化系统组队。恶劣的外部环境将导致人们更加需要与机器人互动，将其作为日常生活的一部分。

另一个关键问题是驻留问题。与地球上不同的是，人类为了生存必须与科技互动。在地球上，如果是在一个偏远矿区，人们可能会在轮班期间与自动或半自动化系统进行互动，但人们可以自由地在室外走动，或在停工期进行日常休闲活动。例如，他们可能会在生产线上或采矿环境中与机器人一起工作。因此，人机交互通常仅占人类清醒时间中的一小部分。在深空执行长期任务时，人机交互或人机组队将成为所有室外活动的必要条件（即使只是嵌入宇航服中）。

人们经常需要长时间在偏远环境中工作。我们可以借鉴人类在潜艇和矿区中的类似经验，但一个主要差异是地球外的环境非常恶劣，而且遥不可及，要想恢复“正常”条件，这在时间上具有极端的紧迫性。由于环境恶劣，人们将非常依赖与科技互动。因此，人类在地球外环境的整个逗留期间，日常生活都将依赖于与机器人和自动化系统的互动和融合。

在地球上，人类与机器人互动通常运用于环境受限的情况。另外，人们已经使用了大量训练组合，提前确定了环境特征。描述环境特征通常是一个耗时耗力的过程。在太空环境中，由于人类的能力受到限制，不能在地球上建造供能设施或从地球携带能源，因此这些机器人和自动化系统也必须高效节能。面对这种问题，可以通过多种方式来考虑能效问题，如从通信、机器人上使用的芯片或传感器类型等方面入手。其中一个例子是移动边缘计算的功率优化技术。例如，在太空应用中，可以通过太阳能电池板收集能量来支持电池。本章不详细论述这些问题，但若读者对该话题有兴趣，可以参考近年来与该具体例子相关的综述（Cong 等，2020）。

在太空等极端环境中，人机交互和人机组队的应用领域将扩大，由此产生的相关问题非常复杂。人类的饮食、休息、工作以及与其他人的互动方式也必然会影响到他们的应对方式。要了解如何有效地建立混合团队，在这些领域拥有专业知识的各学科之间需要开展合作。在没有共同语言的情况下，应该在尊重和开放的基础上发展这一群体。需要注意的是，我们的重点是思考与人机交互和人机组队相关的认知负担。为了促进这些互动，必须要建立程序和协议，使各学科之间能够互动，从而针对这些复杂问题制定解决方案。在思考人机交互方面，我们根据美国国家航空航天局论文（Howard，2018）提出以下原则。

4.3.1 人机组队在一天中应占据多大比例?

我们认为，应该思考在人们离开工作岗位的那段时间里会发生什么状况，而不是仅仅思考人们在任务上花费的时间。与此相关的一个问题是，在高度自动化的环境中，人们应该如何保持“正常”的信息处理和身心健康？是否需要根据使用时间的长短对系统进行不同的设计？人类已经思考了太空旅行中的类似问题，且在地球上如潜水艇等类似场景也已得到解决，但我们认为，这里的关键区别在于时间分配和恶劣的外部环境。我们知道，在虚拟现实中使用信息显示会导致模拟器病，与信息系统相关的延迟会影响感觉运动和运动表现（如Allison等，2001；Waltemate等，2016）。在这种深空环境中工作的人类，在使用信息系统时可能会遇到各种延迟，这可能会导致宇航员犯错。有资料表明，人类与自动化系统组队会对认知产生影响，改变人类在场景中收集信息的方式。解决这些问题所需的时间通常较短，且其中的大部分情况不同于人类模拟的经历。当比例发生变化时，人类处理信息的方式会发生什么变化？如何设计信息系统以支持长时间互动？我们认为，行为科学和工程学领域应合作解决这些问题，且设计和建筑专家的反馈也会提供帮助。

4.3.2　如何在极端环境中维护和建立信任感？

一个关键问题是如何衡量有效的人机交互？在这种充满挑战的环境中，成功的标准是什么？在如此恶劣的环境下，该如何思考远程操作和监督控制？它会成为一种连续体吗？谁来监督它的有效性，即变化或效率低下表现？对于人类在监督控制和远程操作模式之间的切换，信任感有何影响？在充满挑战的环境中，值得思考的问题是：如何随着时间的推移调整信任感，以及信任感如何影响人机组队。近期的一项元分析发现，在人类与人工智能的交互中，存在一些似乎会促进对自动化增进信任感的因素，这些因素包括涉及人类和机器人的环境因素（Schaefer 等，2016）。与机器人相关的因素指的是机器人的可靠性。在充满挑战的环境中，这些因素将如何促进信任感和信任校准，我们尚不得而知。同样，在这方面需要长时间人机组队，且人机组队在其中发挥着至关重要的作用。因此，我们认为这意味着需要在这一领域开展更多新工作。我们相信人因工程学、行为科学和计算机科学家将在这一领域做出有益贡献。

4.3.3　如何在极端环境中保持并建立态势感知？

在极端环境中，不可能依靠人类感官系统来获得额外的态势感知。人类不可能置身事外以旁观者的姿态了解全局。在这种环境中工作，人们更像是置身于一处控制室中，这里没有窗户，也没有了解外界环境的渠道。在这方面，地球上也有类似情况。操作室一般不在受到监测的实际环境之中，依靠远程传感器收集的信息了解情况。这些信息通常会先经过预处理，之后才会由人工分析人员查看，人工分析人员会整合在不同时间尺度上积累的多种信息来源。而深空环境却存在一些关键的不同之处。提供信息的传感器类型将结合本地信息并接收来自地球的信息。人类将非常依赖这些传感器，但与地球上的操作一样，人类也需要具备推断能力，且可能会以此为依据进行干预。这是人类在地球上面临的一个挑战性问题，已有研究人员提出了解决这一复杂问题的框架（讨论见 Endsley，2017）。

不过，这里的另一个复杂因素是与地球的通信将非常有限，且新信息的延迟时间很长。延迟情况也可能会因大气条件和设备老化而发生变化。与在地球上相比，如果传感器出现故障，修理时间可能更长。可解释人工智能的作用与这些问题息息相关，而且任何使用这些传感器的人工智能必须能够应对不同数量的传感器数据。新的呈现系统可以显示信息系统中的这些变化，以便人类分析员在推断时考虑到这种可变性，这种做法可能在这类场景中非常有用。这方面的工作将由行为科学家、模拟专家、计算机科学家以及人工智能和传感领域的专家共同完成。

4.3.4 如何构建模型，以便纳入生理变化、团队挑战与技术挑战之间的相互作用？

这又是一个复杂的多学科问题，需要生理学家、行为科学家、工程师、机器人专家和人工智能专家之间协作。我们认为，这一问题的关键在于开发一种认知架构，其应能够支持团队成员（无论是人类还是机器人）之间的长期互动。这种架构也可用于动态任务分配。该领域的自适应人机界面（Human Machine Interfaces，HMIs）模型前景广阔（如 Abbass 等，2014），但考虑到恶劣环境可能引起的生理变化，必须扩展框架以便纳入这些因素。我们认为，有必要让认知科学、行为科学以及人工智能、工程学和生理学领域的人员参与进来。

4.3.5　如何帮助人们做好准备，从密集型生活方式过渡到回归地球生活？人机交互？

当人类回到地球后，最行之有效的支持方式是什么？如何帮助他们摆脱这种依赖人类与自动化系统组队的生活方式？是否应该有认知休息期，如果有，休息期应该是什么样的？就长期的人机组队而言，复原力应该是什么样的？有资料表明，宇航员返回地球后需要重新训练肌肉。如果腿部肌肉会萎缩，那么大脑是否会受到长期影响？这可能又是一个需要医学、生理学、心理学以及设计和工程学等多学科团队合作解决的问题。

4.3.6　如何制定地球外环境中的人员配备和轮班时间标准？

轮班时间和乘员人数必然会受到飞行时间和费用，以及可运输和储存货物数量的限制。在这些限制条件下，如何制定人员配备和轮班时间的标准？在优化乘员的工作效率或福祉时，应该怎么做呢？在这种极端环境下，我们认为必须要取得微妙的平衡，这可能是运筹学研究人员、调度专家以及心理学和疲劳学家需要解决的问题。

4.3.7　在高度自动化的环境中，什么样的“放松”环境才是有效的？

在“休息时间”方面，建筑师和行为神经科学家以及行为科学家是否可以合作，建立一种方法，其中建造一个有利于在一天紧张的人机交互之后让头脑“休息”的建筑环境？放松会渗透到人机组队中吗？

如在休闲时间打电子游戏？在长时间使用增强现实（Augmented Reality，AR）/虚拟现实环境时，人类是否需要进行锻炼或任务以保持正常的视觉功能，或者保持正常的信息处理能力，以便能够适应稀疏的信息和长时间延迟的情况？

这种人工交互的长期风险是什么？这也是一个多学科问题，可能需要行为科学家、生理学家、人工智能/机器学习和机器人技术以及潜在的嵌入式系统之间开展协作。

本章小结

随着地球环境条件变得越来越极端，在发展新工作条件方面，人机组队和人机交互的相关问题可能会变得具有相关性。如果高效节能的计算方法能够发挥其潜力，那么我们周围的大部分环境就有可能部分或全部依赖于自动化和半自动化系统。人工智能设备已经成为人们日常生活的一部分，成为人们做决策的指导。自动化和人机组队已经到来，只是方式更加微妙。这会是深空未来的发展方向吗？

但在这方面也面临挑战，在地球上，人们仍然可以直接体验周围的环境，这可有助于重新调整对世界的感知，还能提供宝贵的刺激因素（阳光、昼夜节律、新鲜空气等）。除了地球生命的这些重要方面，人类还进化出了利用环境信息来导航并与之互动的能力。人们从环境中学习，根据感觉、现象、气味和声音做出判断，从而认识世界。这些信息对人类的生存至关重要，但感官和感觉运动系统经过长年进化，已经优化了人们对这些外部线索做出反应的能力，并能利用它们进行人机互动。

向自动化程度更高的环境转变（或与半自动化系统进行更频繁的

交互）依赖于对这些信息的近似模拟。但在传统上，近似模拟需要人类进行额外的信息处理。这会给人类处理信息的能力带来更多压力，而这种次优过程的“摩擦”将影响人类与环境互动的能力。这种与世界互动的一个关键挑战是，我们将不再直接拥有对现实的表征，而是高度依赖人机组队以确保生存。虽然地球上也存在部分这样的问题，但问题的持续时间和规模都是我们从未遇到过的。我们还不知道这会对人类造成什么影响，也不知道如何才能让人类重新适应地球上的生活。

与地球的通信将出现长时间延迟。在信息传输受限的情况下，人工智能代理（体现为机器人或信息系统）必须在通信受限的环境中具有高度的适应能力。由于缺乏适合深空环境的训练组合，在前往深空环境之前，在地球上训练人工智能代理的机会可能也很有限。因此，要完成复杂的任务，如建造建筑环境或采矿，人类很可能不得不依赖本地远程操作和监督控制。此外，如前文所述，还存在地面实况以及如何确定是否存在需要解决的错误等重大问题。因此，我们需要考虑如何建立低能耗传感系统，以便能够在这些具有挑战性的环境中工作。这些都有助于提高人类的态势感知能力，进而提高人类对不断变化的环境做出快速反应和决策的能力。

这些灵活性和敏捷性的特征对现实世界具有重要影响。根据 Crawford（2012）的综述研究，人类的效率比半自动化机器人高出几个数量级，比远程操作机器人至少高出 1～2 个数量级。例如，Snook（2007，转引自 Crawford，2012）得出结论，与地面控制的机器人相比，如果有人类参与，单位时间内的探索时间可以提高 1～2 个数量级的生产力。Crawford 还使用了 Garvin（2004，转引自 Crawford，2012）的研究结果，对比了机器人、远程机器人与人类探索效率。他认为，如果人类的效率比远程操作机器人高 1～2 个数量级，那么与火星探测漫游车（Mars Exploration Rover，MERs）或火星科学实验室（Mars Science Laboratory，MSL）等机器人飞行器相比，人类的效率会更高。这些结果，结合有关远程操作和监督控制的认知影响的结果表明，那些由人类与机器人合作组成的策略可能是最有效的探索策略。

在通信方面，也有一些与这些问题相关的问题尚待解决。随着时间的推移，地球与深空机器人之间的延迟是会增加还是会减少呢？也就是说，随着系统性能的降低，延迟是否会增加？如果是这样，我们应该如何提供训练以帮助人们适应这种变化，或者，我们是否要改变人员配备计划？如何建立这些系统，适应随着时间推移而出现的退化？

在恶劣的偏远环境中，人类长期依赖于与机器人和自动化系统的交互活动，我们认为这也产生了其他结构性问题。如何标准化一个环境中多种设备的交互模式？在思考不同任务和不同时间尺度上的多种人机交互方面，我们应该采用什么“成体系系统”的方法？人机交互是一个蓬勃发展的研究领域，但在许多情况下，机器人的工作环境都是描述清晰的“安全”环境（如工厂中的机器人）。软件工程和人工智能方面的创新推动了机器人杯联赛（RoboCup）和 RoboCup＠Home 等竞赛的发展。在这些竞赛中，参赛团队竞相开发最佳人工智能，为在新颖场景中通过有限的板载处理对标准化机器人实施人工智能。下一阶段的工作应是思考如何构思新方法，从而思考在确定性不高的环境中如何进行人机交互，以及如何围绕这些问题发展系统思维。

我们认为，应该思考如何构建知识的表示方式，了解如何建立一个可以更新且对通信延迟具有韧性的共同表示方式。人类已经在其他操作环境中遇到过这个问题，但需要针对机器人与人类的反馈进行调整。近年来，Caldwell 等（2022）发表了一篇意见论文，其中提出了一个灵活的新研究框架，用于思考人类与人工智能混合团队的问题。正如这些作者所指出的，这是一个不断发展的重要研究领域。

最后，要提醒读者的是，不要忘记人机组队中的“人”。在团队和团队合作中，人们的重点往往集中在抽象层面上——如何为计算机捕捉、量化并转换表现。但我们不能忘记，人类团队齐心协力，相互支持，在他们的合力之下才会取得最佳表现，因为这超越了个人能力，而且通常还会以幽默、信任感和尊重为基础。我们需要谨记，人类与机器的合作如果完全没有这些社交暗示，那么人类将处于一种高压情境之中。

鸣谢：作者感谢安迪·托马斯空间资源中心（Andy Thomas Space Resource Centre）深空驻留小组的成员，以及 Jean - Philippe Diguet 和 Cedric Buche，他们对相关话题的探讨对本章的撰写大有裨益。

参考文献

Abbass, A., Tang, J., Amin, R., Ellejmi, M., & Kirby, S. (2014). Augmented cognition using realtime EEG - based adaptive strategies for air traffic control. InProceedings of the Human Factors and Ergonomics Society Annual Meeting (Vol. 58, No. 1, pp. 230 - 234). SAGE Publications.

Allison, R. S., Harris, L. R., Jenkin, M., Jasiobedzka, U., & Zacher, J. E. (2001). Tolerance of temporal delay in virtual environments. Proceedings IEEE Virtual Reality, 2001, 247 - 254. https: // doi. org/10. 1109/VR. 2001. 913793.

Caldwell, S., Sweetser, P., O' Donnell, N., Knight, M. J., Aitchison, M., Gedeon, T., Johnson, D., Brereton, M., Gallagher, M., & Conroy, D. (2022). An agile new research framework for hybrid human - AI teaming: Trust, transparency, and transferability. ACM Transactions on Interactive Intelligent Systems, 12 (3), 1 - 36. https: //doi. org/10. 1145/3514257.

Comstock, J. R., & Amegard, R. J. (1992). The multi attribute task battery for human operator workload and strategic behaviour research. NASA Technical Memorandum No. 104174.

Cong, P., Zhou, J., Li, L., Cao, K., Wei, T., & Li, K. (2020). A survey of hierarchical energy optimization for Mobile edge computing: A perspective from end devices to the cloud. ACM Computing Surveys, 53 (2), Article 38. https: //doi. org/10. 1145/3378935.

Crawford, I. A. (2012). Dispelling the myth of robotic efficiency. Astronomy & Geophysics, 53 (2), 2.22 – 2.26.

Crusan, J. C., Craig, D. A., & Herrmann, N. B. (2017). NASA’s deep space habitation strategy. IEEE Aerospace Conference, 2017, 1 – 11. https://doi.org/10.1109/AERO.2017.7943624.

de Winter, J. C. F., Happee, R., Martens, M. H., & Stanton, N. A. (2014). Effects of adaptive cruise control and highly automated driving on workload and situation awareness: A review of the empirical evidence. Transportation Research Part F: Traffic Psychology and Behaviour, 27, 196 – 217. https://doi.org/10.1016/j.trf.2014.06.016.

Dehais, F., Peysakhovich, V., Scannella, S., Fongue, J., & Gateau, T. (2015). “Automation surprise” in aviation: Real – time solutions. Proceedings of the 33rd Annual ACM Conference on Human Factorsin Computing Systems – CHI’ 15, 2525 – 2534. https://doi.org/10.1145/2702123.2702521.

Di Nocera, F., Camilli, M., & Terenzi, M. (2007). A random glance at the flight deck: Pilots’ scanning strategies and the real – time assessment of mental workload. Journal of Cognitive Engineering and Decision Making, 1 (3), 271 – 285. https://doi.org/10.1518/155534307X255627.

Diez, M., Boehm – davis, D. A., Holt, R. W., Pinney, M. E., & Hansberger, J. T. (2001). Tracking pilot interactions with flight management systems through eye movements. Ohio State University.

Endsley, M. R. (2017). From here to autonomy: Lessons learned from human – automation research. Human Factors, 59 (1), 5 – 27. https://doi.org/10.1177/0018720816681350.

Howard, R. L. (2018). Justification of crew function and function capability for long duration deep space habitation. 2018 AIAA SPACE and Astronautics Forum and Exposition. 2018 AIAA SPACE and Astronautics

Forum and Exposition, Orlando, FL. https://doi. org/10. 2514/6. 2018 - 5357.

Matthews, G., Neubauer, C., Saxby, D. J., Wohleber, R. W., & Lin, J. (2019). Dangerous intersections? A review of studies of fatigue and distraction in the automated vehicle. Accident; Analysis and Prevention, 126, 85 - 94. https://doi. org/10. 1016/j. aap. 2018. 04. 004.

Ma - Wyatt, A., Abbass, H., & Fidock, J. (2018a). Quantifying and predicting performance for human - autonomy teaming. International Conference on Science and Innovation for Land Power.

Ma - Wyatt, A., Johnstone, D., Fidock, J., & Hill, S. (2018b). Cognitive implications of HMIs for tele - operation and supervisory control of robotic ground vehicles. Companion of the 2018 ACM/IEEE International Conference on Human - Robot Interaction (pp. 189 - 190). https://doi. org/10. 1145/3173386. 3177043.

Ma - Wyatt, A., Fidock, J., & Hill, S. (2019). Cognitive implications of supervisory control and tele - operation of robotic ground vehicles. Final report for ITC - PAC RDECOM grant, funded by the US Department of Defence.

Neubauer, C., Matthews, G., Langheim, L., & Saxby, D. (2012). Fatigue and voluntary utilization of automation in simulated driving. Human Factors, 54 (5), 734 - 746. https://doi. org/10. 1177/0018720811423261.

Poole, A., & Ball, L. J. (2006). Eye tracking in human - computer interaction and usability research: Current status and future prospects. 13. Encyclopedia of Human Computer Interaction (pp. 211 - 219). IGI Global.

Regis, N., Dehais, F., Tessier, C., & Gagnon, J. - F. (2012). Ocular metrics for detecting attentional tunnelling. 12. Proceedings HFES Europe Chapter Conference Toulouse.

Scannella, S., Peysakhovich, V., Ehrig, F., Lepron, E., & Dehais, F.

(2018) . Assessment of ocular and physiological metrics to discriminate flight phases in real light aircraft. Human Factors, 60 (7), 922 - 935. https: //doi. org/10. 1177/0018720818787135.

Schaefer, K. E. , Chen, J. Y. C. , Szalma, J. L. , & Hancock, P. A. (2016) . A meta - analysis of factors influencing the development of trust in automation: Implications for understanding autonomy in future systems. Human Factors, 58 (3), 377 - 400. https: //doi. org/10. 1177/0018720816634228.

Schmidt, J. , Laarousi, R. , Stolzmann, W. , et al. (2018) . Eye blink detection for different driver states in conditionally automated driving and manual driving using EOG and a driver camera. Behavior Research Methods, 50, 1088 - 1101. https: //doi. org/10. 3758/s13428 - 017 - 0928 - 0.

Shen, S. , & Neyens, D. M. (2017) . Assessing drivers' response during automated driver support system failures with non - driving tasks. Journal of Safety Research, 61, 149 - 155. https: //doi. org/10. 1016/j. jsr. 2017. 02. 009.

Solís - Marcos, I. , Galvao - Carmona, A. , & Kircher, K. (2017). Reduced attention allocation during short periods of partially automated driving: An event - related potentials study. Frontiers in Human Neuroscience, 11. https: //doi. org/10. 3389/fnhum. 2017. 00537.

Svensson, Å. (n. d.) . Analysis of work patterns as a foundation for humanautomation communication in multiple remote towers. 10.

Ulutas, B. H. , Özkan, N. F. , & Michalski, R. (2020) . Application of hidden Markov models to eye tracking data analysis of visual quality inspection operations. Central European Journal of Operations Research, 28 (2), 761 - 777. https: //doi. org/10. 1007/s10100 - 019 - 00628 - x.

Waltemate, T. , Senna, I. , Hülsmann, F. , Rohde, M. , Kopp, S. , Ernst, M. , & Botsch, M. (2016) . The impact of latency on perceptual judgments and motor performance in closed - loop interaction in virtual reality. Proceedings of the 22nd ACM Conference on Virtual Reality Software and Technology (pp. 27 - 35) . https://doi.org/10.1145/2993369.2993381.

Wilson, G. F. , Russell, C. A. , Monnin, J. W. , Estepp, J. R. , & Christensen, J. C. (2010) . How does day - to - day variability in psychophysiological data affect classifier accuracy? Proceedings of the Human Factors and Ergonomics Society Annual Meeting, 54 (3), 264 - 268. https://doi.org/10.1177/154193121005400317.

第5章　载人飞行任务的行星保护法律和伦理框架

Melissa de Zwart、Stacey Henderson和Rachel Neef

摘　要　《阿尔忒弥斯协定》（*Artemis Accords*）预示着人类将重启搁置已久的登月计划，并从月球出发进一步探索火星。凭借在近地轨道持续开展的活动，人类从中收获了丰富的知识和经验，但人类在月球和火星驻留将面临新挑战。这不仅包括人类需要摄取足够的营养、空气、水和可持续栖息地等生存问题，还包括月球和火星环境可能会受到污染，以及有害污染物会被人类携带回地球等问题。自太空探索伊始，人们就意识到了“前向污染”和“后向污染”的潜在问题。政府相关部门已经制定了相应的指导方针，规定了进入火星“特殊区域”的保护机制和程序。在不久的将来，人类将被送往火星。本章将以该计划为背景，概述关于“有害污染”现行法律的应用情况，并思

M. de Zwart (✉)、S. Henderson

澳大利亚南澳阿德莱德市弗林德斯大学商业、政府与法律学院 。电子邮箱：melissa. dezwart@flinders. edu. au

R. Neef

澳大利亚南澳阿德莱德市阿德莱德大学阿德莱德法学院

M. de Zwart et al.（eds.），Human Uses of Outer Space，Issues in Space，https：//doi. org/10. 1007/978－981－19－9462－3＿5

考在近地轨道以外执行载人飞行任务对伦理和法律框架可能产生的新需求。本章还将探讨人类对火星独特环境潜在影响的日益关注，涉及伦理、环境和科学问题。

5.1 引言

5.1.1 重返月球、前往火星

2019年，美国国家航空航天局宣布了《阿尔忒弥斯协定》，邀请其他国家加入美国国家航空航天局和商业供应商，共同参与人类重返月球、前往火星的计划。截至2022年9月，《阿尔忒弥斯协定》共有21个签署国：澳大利亚、巴林、巴西、加拿大、哥伦比亚、法国、以色列、意大利、日本、韩国、卢森堡、墨西哥、新西兰、波兰、罗马尼亚、沙特阿拉伯、新加坡、乌克兰、阿联酋、英国和美国。美国国家航空航天局阿尔忒弥斯项目的现行时间框架包括：2022年11月执行阿尔忒弥斯1号（Artemis 1）任务，这是太空发射系统（Space Launch System，SLS）火箭搭载猎户座飞船（Orion）的无人飞行测试发射任务，猎户座飞船将绕月飞行并返回地球。在此之后，太空发射系统将用于载人飞行任务。阿尔忒弥斯2号（Artemis 2）任务计划于2024年执行，将是一次为期至少8天的载人飞行任务，目的是进一步测试猎户座飞船在绕月轨道上的运行情况。这次任务成功后，阿尔忒弥斯3号（Artemis 3）任务计划最早于2025年发射（尽管这一时间表可能会延长），届时人类将重返月球。该计划的基础是利用在月球长期驻留所积累的专业知识和经验，发送载人任务前往火星。

2022年9月，美国国家航空航天局发布了详细的月球到火星目标

（NASA，美国国家航空航天局，2020）。这些目标旨在“开发和记录一种基于目标的方法，用于人类深空探索工作”。这些目标突出了人类参与这些活动的独特重点，包括开展月球科学和探索，以及人类在月球和火星上的持续存在。在这些目标中反复出现的原则是对“负责任使用”的承诺，即“按照国际义务和负责任的太空行为原则，为和平目的开展探索和利用外层空间的所有活动”的义务。这些目标还申明：“高度优先的行星科学问题……最好由人类探索者在月球和火星上及周边地区进行现场探索，并由地面和轨道机器人系统提供辅助。”人类参与行星活动，这一需求不仅有益，同时也伴随着风险。

在火星上建立载人基地是阿尔忒弥斯合作伙伴的长期目标，也是埃隆·马斯克（Elon Musk）等太空企业家的计划之一。SpaceX 是商业太空飞行领域的领军企业，其首席执行官马斯克的目标是在 2026 年之前将人类送上火星（Vega，2020）。2020 年，马斯克在推特（Twitter）上发表了他对发现外星生命可能性的看法：“这个太阳系中似乎没有任何生命。也许在欧洲的冰层下，或火星表面下的嗜极细菌中有生命存在。”虽然存在这种可能性，这位亿万富翁仍计划将人类送上火星，但目前并没有公开的行星保护政策支持这一愿景。为了实现他认为人类应该成为“跨星际物种”的信念，SpaceX 将在火星建立一个“自给自足的城市”（Etherington，2019）。根据马斯克的说法，创建这座城市需要大约 1 000 艘星舰（Starship），历时 20 年，以便运送乘员、物资和基础设施，从而实现“阿尔法月球基地”（Moon Base Alpha）的可持续发展。马斯克还表示支持火星地球化，包括在火星冰盖上引爆核弹（Wall，2019）。尽管我们不清楚马斯克是否认真考虑过这一想法（即使成功，这也只会在他百年之后才会带来适合人类生活的潜在变化），也不清楚这些地球化改造是否只是徒劳，甚至会造成灾难性的破坏，但马斯克提出的这些想法挑战了人们当前的思考，即谁能决定这些想法在伦理上是否可取，或是否具有合法性。

在将人类送往火星长期生活的诱惑中，潜在的问题是要更多地了解这颗红色星球及其作为新生命形式栖息地的潜力，以及人类面临的挑战，即如何在不破坏环境的情况下适应这样一个恶劣的环境，不仅要生存，还要发展壮大。显然，“火星上可能存在生命，这是火星探索的主要动力之一，也是主要障碍之一”（Changela 等，2021）。

除了这些人类探索和定居太空潜在性的计划之外，还有许多机器人任务正在研发中，它们将飞往太阳系中已被确认能够孕育某种形式生命的各个目的地（Sherwood 等，2019）。这些目的地可能包括木星和土星中的冰卫星。由于这些天体上可能存在生命，因此也有必要考虑“前向污染”的可能性和后果。

所有这些可能性不仅让人们思考应如何解决这些问题，同时也涉及基于伦理的考虑：对于可能污染未探索环境的任务，是否应该执行。对于探索者而言，还有一个问题也许是，如果在建立长期驻留地之后才能获得生命证据，那么应该采取什么措施（Cazallo，2021）。在规划和执行这些任务的过程中，应从科学和伦理角度考虑哪些因素？

本章将明确行星保护的各项原则，并论述各国在火星上开展活动时应承担的各项无约束力和有约束力的义务。本章还指出，我们有必要扩大围绕负责任的行星保护行为的讨论，以便解决近地轨道之外的人类任务所涉及的广泛伦理和环境问题。

5.1.2　行星保护

行星保护既涉及保护地球对太空的危害（“前向污染”），也涉及保护太空对地球的危害（“后向污染”）。早在太空探索初期，人们就认识到月球、火星和地球可能会受到“前向污染”和“后向污染”。人们对在火星进行机器人探测已经制定了详细的指导方针，规定了火星的“特殊区域”的保护机制和程序，该内容将在下文论述。此外，人们普遍建议，在人类驻留之前，应对拟议的驻留地开展更多机器人研究。

“国际空间研究委员会关于行星保护的政策”（The COSPAR Policy on Planetary Protection）对相关政策的适用范围做出了如下界定：

对可能的地外生命形式、前体和残留物进行的科学调查绝不能受到影响。此外，对于从星际飞行任务/目标行星组合返回的航天器，必须采取措施预防其所携带的地外物质对地球造成潜在危害，污染控制措施应按照实施该政策的规定实施。（COSPAR，国际空间研究委员会，2021）

空间研究委员会（Space Studies Board）在《2017 年中期报告》提出，以下对行星保护的工作定义符合《外层空间条约》规定的美国义务以及国际空间研究委员会和美国国家航空航天局的做法：

行星保护至少涉及三项基本活动——政策制定、政策实施以及遵守和验证。行星保护包括各项目标、理由、政策、程序和实质性要求，它们旨在确保任何星际空间飞行任务都不会损害当前或未来科学调查的目标天体，也不会对地球构成不可接受的风险（如样本返回飞行任务）。（National Academies of Sciences，美国国家学院，2017）

中期报告提出了另一项补充说明，可考虑将其纳入（从未编制的）最后报告：

此外，在确保地球和其他天体生物安全的过程中，行星保护还在保障未来调查的科学目标方面发挥作用，特别是那些旨在确定其他太阳系天体上可能存在生命及其性质的调查。(National Academies of Sciences，美国国家学院，2017)

该报告强调，虽然自太空探索开始以来，行星保护的基本原理和目标基本未发生过改变，但这一定义仍应是一项“持续进行的工作”。此外，中期报告明确指出，这一政策的目的是促进而不是禁止太空探索。中期报告确认了参与行星保护的学科范围的广泛性，包括科学、工程、管理、飞行任务设计、成本和风险评估等。虽然该报告未有进一步进展，但行星保护的概念显然仍在审查之中，我们尚不清楚这方面的考虑是否超出了科学界的范围。

5.1.3 太空微生物

美国国家航空航天局在其载人航天和探索计划中开展了广泛的微生物学研究项目。虽然行星保护办公室（Office of Planetary Protection）并不关注来自近地轨道的“前向污染”或“后向污染”，但国际空间站的活动为微生物在太空中生存的问题提供了重要启示（Ott 等，2014）。美国国家航空航天局对国际空间站上的细菌生长情况进行了监测，并报告称，截至 2021 年 3 月，在国际空间站内发现了三种新的细菌。这些细菌来自地球，但在国际空间站的环境中发生了变化。放置在国际空间站外部的细菌在暴露三年后仍能存活（Bijlani 等，2021）。

显然，尽管太空环境恶劣，但微生物仍有继续生存的可能性，它们可能会污染甚至破坏火星环境。虽然人们越来越认识到，载人火星飞行任务将能够执行自主探测器和机器人无法完成的任务，但人类的存在将带来独特的环境挑战。与机器人不同，人类不可能做到彻底消毒。一旦到达火星表面，人类也不可能在完全封闭的环境中操作。人类需要获取营养和呼吸，这不可避免地会产生废弃物（Jet Propulsion

Laboratory，喷气推进实验室，2005)。因此，载人飞行任务不可避免地会对火星造成一些“前向污染”(Rummel 等，2014)。

本章将探讨为了尽量减少并应对这一风险，已经采取和可能采取的法律措施。本章还将强调一些伦理方面的考虑因素，行星保护方法应纳入这些因素。

5.2　历史背景

1956 年，国际宇航联合会第七届大会在罗马举行，各国首次在会上呼吁保护行星（National Academies of Sciences，美国国家学院，2017)。1958 年，国际科学联盟（International Council of Science Unions，ICSU）成立了宇宙探测污染委员会（Committee on Contamination by Extra-terrestrial Exploration，CETEX)，该委员会建议应为太空任务和研究制定行为准则（National Academies of Sciences，美国国家学院，2017)。国际科学联盟采纳了这些建议，成立了国际空间研究委员会(COSPAR，2021)，目的是协调全球各地开展的太空研究，其中一个关注事项是行星保护。1958 年 12 月，联合国和平利用外层空间委员会（Committee on Peaceful Users of Outer Space，COPUOS）成立。此后，人们对关于如何从法律上规范外层空间展开了热烈讨论。

虽然没有法律义务遵守行星保护协议，但在 1961 年，美国国家航空航天局牵头的“月球游侠”(Lunar Ranger）项目成为第一个遵循灭菌程序的任务（Barengoltz，2005)。这是因为国际科学联盟宣布，若有任何国家发射可能会对未来科学研究产生不利影响的太空实验，其应向国际科学联盟和国际空间研究委员会提供相关信息，以便评估潜在污染（Barengoltz，2005)。1962 年，国际空间研究委员会成立了太空实验潜在有害影响咨询小组，协助开展这些评估（National Academies of Sciences，美国国家学院，2017）。

阿波罗任务也遵循了行星保护协议。1969 年的阿波罗 11 号任务被广泛认为是人类首次登陆月球表面的历史性时刻。不过，当时关注的行星保护问题主要与“后向污染”有关，担心宇航员会将可能有害的地外物质带回地球，故宇航员返回地球后需接受 21 天的隔离检疫（Barengoltz，2005）。阿波罗 14 号任务后，对月球任务的隔离措施被停止，因为当时认为已无必要。人们普遍认为，月球上不存在可以孕育生命的环境（COSPAR，国际空间研究委员会，2021），因此建议采用的行星保护协议较为宽松。月球登陆任务属于二类任务，“航天器携带的污染不太可能会对未来的调查造成影响”（COSPAR，国际空间研究委员会，2021）。

阿波罗 12 号任务凸显了行星保护工作中面临的一些实际困难。作为阿波罗 12 号任务的一部分，勘测者 3 号（Surveyor Ⅲ）探测器从月球返回地球。在对探测器的摄像头进行检查后，科学家们声称分离出了一个链球菌菌落，但其他组件中并不包含任何可存活的陆生细菌（National Academies of Sciences，美国国家科学院，2017）。有人认为，这种细菌在发射前就沉积在相机中，并在月球表面存活了下来（Mitchell 和 Ellis，1971）。有人指出，在返回地球后，实验室内的污染协议不完善可能导致细菌存在，而不是发射前的消毒问题（Rummel 等，2011）。无论原因如何，这种情况凸显了人们可能会混淆地球污染与可能探测到的地球外生命（Glavin 等，2004）。

早期的苏联火星任务表明其至少考虑了行星保护政策的概念。火星 1 号（1962 年）、火星 2 号（1971 年）和火星 3 号（1971 年）任务（分别是飞越任务和两次轨道着陆任务）声称遵循了与国际空间研究委员会制定的行星保护协议等同的协议，但在执行任务期间并未公开任何数据（National Academies of Sciences，美国国家学院，2017）。美国国家航空航天局牵头的“海盗”（Viking）计划在寻找火星生命的过程中严格遵守了行星保护协议。1975 年，两个轨道飞行器和着陆器进行了在火星上首次实地搜索和生命探测实验。美国国家航空航天局遵循国际空间研究委员会的指导，实施了严格的消毒方法。着陆器预算为 44 亿美元，该消毒工作估计占比 10%（National Academies of Sciences，美国国家学院，2017）。

自执行这些任务以来，科学和技术标准不断发展。这些非约束性标准的明确采纳和使用对于国家实践的发展具有重要意义，但它们本身并不构成具有约束力的法律，缺乏明显的法律确信这一要素。

接下来的章节将明确阐述各国在国际太空法律中的法律义务。

5.3　国际太空法律

5.3.1　联合国太空条约

国际太空法律主要由五项条约组成：《关于各国探测及使用外层空间包括月球与其他天体活动所应遵守原则的条约》（简称《外层空间条约》，1967）、《营救宇宙航行员和归还发射到外层空间的物体的协定》（简称《营救和归还协定》，1968）、《外空物体所造成损害之国际责任公约》（简称《责任公约》，1972）、《关于登记射入外层空间物体的公约》（简称《登记公约》，1976）以及《指导各国在月球和其他天体上活动的协定》（简称《月球协定》，1979）。《月球协定》阐明了一种先进程度更高的太空环境管理方法，但由于其在各国的接受度不高（仅有18个缔约国)，故被视为“失败的条约”，在国际法律中的影响非常有限(Cheney等，2020)。

《外层空间条约》阐明了规范国家外层空间活动的框架原则。第九条规定了一项“规范性积极法律义务”，要求各国应避免有害污染，具体规定如下：

缔约国应开展外层空间(包括月球和其他天体)的研究和探索，并避免相关有害污染，以及由引入地外物质导致的地球环境不利变化；在必要时，应为此目的采取相应措施(《外层空间条约》，1967)。

第九条中的行星保护义务反映了更多义务，即缔约国在进行太空活动时，“应适当考虑条约中其他缔约国的利益”。然而，“适当考虑”这一概念的范围仍不明确，但国家实践活动(如5.4节所述的关于国际空间研究委员会行星保护政策的遵守情况)表明，这一义务至少在部分上涉及对有生命或潜在生命存在的地方的生物污染问题的考量(Cheney等，2020)。

近年来，人们努力将“适当考虑”的概念与外层空间的环境责任联系起来(Cheney等，2020)。太空碎片威胁日益增长，在月球上建造驻留地和开采资源的项目具有潜在竞争性，这引起了人们对环境的关注。太空环境十分脆弱，在许多情况下无法自然恢复。因此，应该及时根据第九条和国际空间研究委员会行星保护政策扩大对这些问题的考虑。

5.4 国际空间研究委员会

国际空间研究委员会的成立旨在探讨科学界对太空利用和探索的关切。该委员会参与了《外层空间条约》的拟定，出席会议并为联合国和平利用外层空间委员会法律子委会编写报告，但对条款没有表决权，也不能签署条约文件（Coustenis 等，2019）。尽管国际空间研究委员会是一个科学机构，不能规定或强制各国履行法律义务，但一些航天国家（包括美国国家航空航天局和日本宇宙航空研究开发机构）已经在其国内制度中接受了国际空间研究委员会的行星保护政策。

国际空间研究委员会由国际科学理事会，即现在的国际科学联盟（International Scientific Council，ISC）于 1958 年创立。国际空间研究委员会是一个国际非政府科学组织，其宗旨是在国际层面促进太空研究，其主要关注领域之一是与“前向污染”和“后向污染”有关的行星保护。国际空间研究委员会的现行行星保护政策强调了两个方面的重要性：避免对外发射的太空物体产生生物污染（这可能会对寻找地外生命的工作造成影响），以及返回任务对地球可能造成的风险。如前文所述，国际空间研究委员会于 2017 年审议了行星保护的理由和目标。审议得出的结论是，最初的理由仍然有效，包括保护地球和其他太空场所免受生物污染，以及避免影响科学调查，包括对地球外生命的探索（National Academies of Sciences，美国国家学院，2017）。

国际空间研究委员会提出的建议对各国没有约束力，也不意味着各国在《外层空间条约》有需要遵守的法律义务。但这些建议在制定《外层空间条约》第九条过程中和各国在此之后的国内政策方面发挥了重要作用。1969 年，国际空间研究委员会通过了准则，取代了 1964 年中期框架。这些准则对太空活动规定了限制，以此减少飞行任务对天体造成污染的可能性。常年来，人们定期审议这些政策，并于 1984 年、1994 年、2002 年、2008 年、2017 年、2020 年和 2021 年发布了修正案（COSPAR，国际空间研究委员会，2021）。人们根据美国国家航空航天局的政策和建议做出了许多更改，凸显出各国与国际空间研究委员会之间的密切关系。

目前，国际空间研究委员会政策将飞行任务分为五类。

1）第一类飞行任务是指目标天体与生命起源或演化研究无直接关联，因此无需行星防护，也没有强制性的要求。

2）第二类飞行任务是指那些主要目的是寻找生命的任务，但这些任务几乎不会受到污染，因此不会影响未来的调查工作。这些飞行任务只需遵守文档要求，包括编制简短的行星防护计划，详细说明目标、发射前和发射后的分析及处理策略，以及任务结束后的报告，且应提供着陆点的位置（如适用）。

3）第三类飞行任务（主要是飞越和轨道飞行器任务）是指那些目的在于研究生命起源的任务，并一致认为这些任务极有可能受到污染，从而影响未来的调查工作。执行这些飞行任务需要实施更广泛的文档记录，并且需要实施一些保护机制，如洁净室装配和生物测试。

4）第四类飞行任务包括向具有生命进化或生命起源意义的目标天体执行探测器和着陆器飞行任务，这些飞行任务极有可能受到污染，从而影响未来的调查工作。这就需要根据具体情况采用消毒、洁净室和其他保护机制，以及更详细的文档和执行程序。

5）第五类飞行任务包括所有需要防止“后向污染”的返回地球飞行任务。这包括保护月球，确保从地球到月球的旅行不受限制。除非是从指定为“返回地球不受限”的天体返航，否则这些飞行任务禁止在返回地球时造成破坏性影响，并实施严格的封闭程序。

如果飞行任务/目标不属于上述任何一类，则可向国际空间研究委员会的国家科学机构成员寻求建议。此外，在无法获得此类指导的情况下，国际空间研究委员会可通过其行星保护小组或“与其国家科学机构和国际科学联盟成员协商成立的”特设多学科委员会提供建议

(COSPAR，国际空间研究委员会，2021)。

第三类、第四类和第五类中的火星飞行任务还制定了额外要求，因为火星被认为是可能存在或曾经存在生命的环境。其中需要特别指出的是，国际空间研究委员会在火星上划定了“特殊区域”，即“地球生物可能复制的区域”。任何区域只要被认为具有较高潜力孕育延伸的火星生命形式，都会被定义为“特殊区域”(COSPAR，国际空间研究委员会，2021)。这些飞行任务对消毒的要求最高。尽管飞行任务在这些地方最有可能发现生命，但由于消毒程序费用高昂，因此目前还没有任何飞行任务在这些地方进行过生命搜寻。这一点令人担忧，因为随着人类开始计划执行火星任务，保持火星不受地球微生物污染将变得越来越困难。因此，当务之急应该是先让机器人在火星上执行寻找生命的任务，特别是在人类任务开始之前在指定的“特殊区域”寻找生命。

国际空间研究委员会的政策为人类执行火星任务提供了具体的原则和指引，其中指出：

无论是由机器人还是人类探索者执行火星任务，行星保护政策的目的都是相同的。因此，行星保护目标不应因人类执行火星任务而放宽。相反，行星保护目标与这些任务的直接相关性变得更高，尽管具体的实施要求可能会有所不同。(COSPAR，国际空间研究委员会，2021)

尽管如此，国际空间研究委员会也认识到，人类飞行任务将携带微生物群落，而在着陆飞行任务中，不可能在完全封闭的系统中进行操作。国际空间研究委员会承认“人类探索者具有更大的能力，可以为火星的天体生物学探索做出贡献”，但前提是“应控制并了解人类所产生的相关污染”。国际空间研究委员会建议，在初期人类任务中应采取保守的方法，此外，任何未定性的火星地点都应先执行机器人飞行任务评估，再由人类进入火星（COSPAR，国际空间研究委员会，2021）。

国际空间研究委员会作为一家科学机构，其政策属于建议，对各国没有法律约束力。这些政策是一种软法工具，有助于解决天体生物学家的关切，但却没有考虑到太空行业的快速发展，特别是私营行业的参与度增加。我们必须要更有效地结合法律与科学立场，确保不违背自由探索的基本原则和预防有害污染的相关理念。因为国际空间研究委员会原则的软法性质，其能够灵活地适应太空探索方面的变化和新信息，其几十年来的表现也确实如此。还应了解的是，这些准则仍在不断修订之中，它们并不是绝对的或有约束力的标准，应根据情况需要予以评估和修订。例如，2024 年，日本宇宙航空研究开发机构计划向火星发射卫星，尽管评估表明，在其返回地球的样本中，造成微生物污染的可能性在可接受的范围之内，但国际空间研究委员会“强烈建议”在样本返回地球之前应重新评估这一风险分析（Changela 等，2021）。

尽管是软法，但美国国家航空航天局、欧洲空间局（European Space Anency，欧洲空间局，2017）和日本宇宙航空研究开发机构（Japan Aerospace Exploration Agency，日本宇宙航空研究开发机构，2019）都采用了国际空间研究委员会的建议，将其作为各自行星保护政策的一部分。例如，美国国家航空航天局的政策在阐述国际空间研究委员会的建议时认为：

1）“在火星探索中，保护地球免受潜在的反向污染是最高的行星保护优先事项。”

2）“如果能够控制并了解人类产生的相关污染，人类探索者就可以为火星的天体生物学探索做出更大贡献。”

3）“对于进行地面作业的着陆（载人）飞行任务，不可能在完全封闭的系统内进行所有与人有关的过程和任务操作。”

4）“人类探索火星或其支持系统，将不可避免地接触到火星物质。”（美国国家航空航天局，2020）

国际空间研究委员会的行星保护政策在塑造行星保护政策方面发挥了重要作用。不过，也有一些人认为，这些政策本身并没有反映出明显的利益多样性。这些原则背后的政策和思想来自目前的航天国家，他们以国家和国际级别的科学机构成员身份制定了这些原则。然而，有益的做法可能是，让那些尚未参与到太空技术活动的国家，特别是那些可能参与执行这些政策的私营部门参与进来，从而提高对这些政策的审议和讨论力度。我们可以从马斯克关于 SpaceX 公司计划在火星上开展活动的说法中看到，人们对火星活动越来越感兴趣。但由于缺少具有约束力的法律效力，因此不能采取任何具有约束力的行动，让相关机构遵守国际空间研究委员会的政策，除非这些政策已在各国国内太空法规中得到执行。

有鉴于此，在管理体系方面，法律界与科学界在过去几十年来存在分歧，这是一个值得关注的问题。由于国家在这一问题上的实践有限，因此国际法未能明确整合严格程度更高的科学政策，且该问题不久便被人们搁置一旁。因此，我们更有必要加大力度澄清《外层空间条约》第九条中的法律义务，以便各国确保自己的行为符合该条的规定。鉴于污染可能产生不可逆转的影响，各国需要了解应采取哪些措施来履行各自的法律义务，并确保能在未来利用并获得太空探索（特别是人类前往月球和火星的飞行任务）所带来的所有惠益。美国国家航空航天局宣布将“根据《阿尔忒弥斯协定》重新制定国际空间研究委员会政策”（NASA，美国国家航空航天局，2020）。目前尚不清楚这是对现行做法的收紧还是放松。《阿尔忒弥斯协定》的性质是美国国家航空航天局与越来越多的国际合作伙伴之间达成的协议，因此这可能甚至会导致无法对所有项目保持一种一致的方法。

根据《外层空间条约》第六条，各国应对其国民在外层空间的活动承担责任。《登记公约》和《责任公约》为确立外层空间活动的管辖权和责任提供了进一步指导。然而，商业行为体只需遵守适用于其运作所在的国内法的法律制度；这些商业行为体本身既不受条约义务的约束，也不受软法建议的约束。2019 年，以色列公司 Beresheet 发射的月球登陆器载着数千只水熊虫（一种微小生物门类）坠毁在月球表面，这说明了对私人行为体进行监管的难度（Weisberger，2019；Cheney 等，2020）。随着进入太空的商业实体越来越多，必须要清楚地了解国际太空法中规定的国家义务，从而促进在履行这些义务的国内法中采取一致的做法。

到目前为止，随着主要的航天国家已经按照严格的行星保护协议行事，关于《外层空间条约》第九条的实施问题，相关法律辩论较少。尽管要接受第六条的监督，但除非国内立法强制执行行星保护协议，否则相较于那些需接受本国政策约束的国家太空机构，商业行为体所需遵循的标准可能较低。在制定这些准则时，所纳入的意见是否足够全面，这也是一个问题：随着社会的变迁，人们可能会执行新的飞行任务，是否应该考虑除科学家观点以外的其他意见？

5.5 伦理考虑因素

在前往月球、火星和其他目的地的飞行任务计划中，鉴于相关数量和范围，现在似乎是时候考虑以下问题了——对于飞行任务风险和规划的考虑是否应只局限于科学和法律原则。Sherwood 等（2019）指出，太阳系内有能力容纳非地球生命形式的“海洋世界”数量有限，因此可以利用目前已知的技术进行探索，他们主张采用多代方法进行任务规划。他们建议应开展多方面的对话，探讨以下问题。

1）人类污染海洋世界的可能性（技术概率）。

2）这样做的影响（基于科学和伦理的讨论和决策）。

3）为了管理这种风险（项目规划和执行），可以采用的方法有哪些？需要包括技术和非技术利益相关者在内的不同群体开展广泛合作。（Sherwood 等，2019）

其中需要特别指出的是，由于规划、建设和执行此类任务需要很长时间，有时甚至是几十年，因此会有几代人接力推进这些任务并取得成果，他们都应参与到这些讨论中来。此外，研究者们还建议，应该把更广泛的伦理问题纳入思考，包括人类是否应寻求在地球之外建立永久定居点，以及摧毁或改变地球之外可能发现的任何生命形式会产生什么后果？在过去的 50 年里，我们对生命形式的理解呈指数级增长，同样，我们也深刻认识到了人类对地球的影响。这凸显出有必要以更全面的方式讨论我们的各种价值观，包括思考推进科学探索是否仍然应该是太空探索的首要目标。这可包括重新思考干扰或破坏与地球截然不同的栖息地的风险，即使这些行为未达到主动地球化的程度。

人们在行星保护的伦理方面已经开展了一些工作。2010 年，一场研讨会在普林斯顿召开，会上探讨了以下议题。

1）在探索火星的过程中，伦理意义和责任在于尽量减少这些活动对潜在土著生物圈（无论是怀疑存在还是已知存在）的有害影响。

2）是否需要修改当前的行星保护政策来解决这些问题？

3）关于行星探索伦理方面的对话，应该采取哪些有效的办法，让

公众参与进来？（Rummel 等，2012）

具体来说，该研讨会旨在探讨“为了保护行星环境的其他方面，是否应当在超越了‘科学保护’范围的伦理和实践框架内扩展行星保护措施和其他实践”，以及这些政策和伦理框架的基础应该是什么（Rummel 等，2012）。研讨会得出的结论为，有必要进一步研究相关的伦理考虑因素，并建议国际空间研究委员会设立一个小组，对相关考虑因素开展研究。此外，人们还认识到，在交流和咨询方面需要扩大包容性，指出“科学家需要开展公众对话，就这些未来政策审议进行广泛交流，确保公众参与到决策过程”（Rummel 等，2012）。不过，在采取这些进一步行动之前，国际空间研究委员会的行星保护政策没有做出任何变更。

显然，在思考人类登陆火星任务时，需要听取广泛的声音。这些考虑因素不应局限于行星保护，而是应扩展到飞行任务将对人类、地球和火星可能产生的深远影响。人类与火星接触将不可避免地改变这个星球，因此在任务成为可能之前，应解决环境和生存问题。另外，火星也将给人们带来生理、情感和心理的改变。各种伦理视角可以帮助人们做好准备，以应对这种超越生物学范畴的变化。有人建议，现在应该与广泛的利益相关者合作，重新启动前述普林斯顿研讨会所述的工作（Sherwood 等，2019）。特别值得注意的是，我们可以借鉴环境伦理原则，思考在面临全新且独特的环境方面，人类应承担哪些管理责任（Norma 和 Reiss，2021）。

本章小结

截至目前，各国都遵守了经不时修订的国际空间研究委员会行星保护政策，这促进了负责任地利用太空。该政策体现了《外层空间条约》第九条的法律要求，即应避免对外层空间造成有害污染，避免地球外物质对地球环境造成不利变化。然而，随着越来越多的国家、富有个人和商业行为体参与太空活动，以及重大国际项目的规划，我们现在或许应该思考以下问题：国际空间研究委员会的政策是否足以履行《外层空间条约》第九条的义务，以及该政策是否能够引导更广泛的群体加入讨论，从而促进规则的制定，为人类在其他行星上定居提供准则。

关于人类在火星上生活的想象，我们的思考大多来自科幻小说。人类以小说的形式探索在这些新环境中可能遭遇的各种情况。Kim Stanley Robinson 的《火星三部曲》探讨了人类在新行星上开展持续生命的过程中可能遭遇的各种问题，包括伦理、政治、生物学和科学问题。此外，该书还对比了《红色火星》中像 Ann Clayborne 这样的“红色火星”信奉者的信念与 Saxifrage Russell 这样的信念。其中，前者坚决反对人类改造火星；而后者则是“科学”观点的代表，认为地球化是支持生命存在的正当理由，并赞成对环境进行大刀阔斧的改造(Robinson，1992)。这些立场互不相容，为重大冲突和环境灾难埋下了伏笔。借鉴这部宏大的太空史诗，我们现在应该把重点放在以更全面的方式思考应该把什么样的规则应用到火星，以及如何在多个定居点中实施这些规则。

本章概述了国际空间研究委员会行星保护政策的背景，并指出了《外层空间条约》对各国施加的法律义务。结合未来的火星载人飞行任务，本章对这一过程和由此产生的政策进行了评估。根据 2010 年伦理研讨会的建议草案，本章指明了一系列伦理、公平和环境问题，并建议相关机构应将其纳入今后的流程之中。我们现在应该重新审视这项工作中提出的建议以及空间研究委员会 2017 年中期报告。空间研究委员会认为，关于“行星保护”的定义应该是一项持续进行的工作。我们讨论的所有问题都关系到人们当前思考的问题，即人类在外层空间的负责任行为，以及各种将人类送上月球的项目（包括阿尔忒弥斯项目）（Swiney 和 Hernandez，2022）。

现行框架可能需要有一个广泛的伦理框架作为支撑，以便让我们能够做好准备，应对在到达火星后可能面临的各种问题。在向火星进发之前，我们需要考虑这些问题及科学问题。

参考文献

Agreement Governing the Activities of States on the Moon and Other Celestial Bodies. (1979) Available at https: //www. unoosa. org/oosa/en/ourwork/spacelaw/treaties/intromoon - agreement. html. Accessed 2022, February 24 ('Moon Agreement').

Agreement on the Rescue of Astronauts, the Return of Astronauts and the Return of Objects Launched into Outer Space. (1968) . Available at https: //www. unoosa. org/oosa/en/ourwork/ spacelaw/treaties/introouterspacetreaty. html. Accessed 2022, February 22 ('Rescue and Return Agreement').

Barengoltz, J. (2005) . Jet Propulsion Laboratory, National Aeronautics and Space Administration. A review of the approach of NASA projects to planetary protection compliance. https: //trs. jpl. nasa. gov/bitstream/handle/2014/40515/04 - 3484FN. pdf? sequence=3. Accessed 2022, October 28.

Bijlani, S. , et al. (2021) . Methylobacterium ajmalii sp. nov. Isolated from the International Space Station. Frontiers in Microbiology, 12, 7.

Cazallo, R. (2021) . Plants under the moonlight: The biology and installation of industrial plants for lunar settlements. In M. Rappaport & K. Szocik (Eds.), The human factor in the settlement of the Moon (pp. 75 - 96) . Springer. https: //doi. org/10. 1007/978 - 3 - 030 - 81388 - 8 _ 5.

Changela, H. , et al. (2021) . Mars: New insights and unresolved questions. International Journal of Astrobiology, 20 (6), 394 - 426. https: //

doi. org/10. 1017/S1473550421000276.

Cheney, T. , et al. (2020) . Planetary protection in the new space era: Sciences and governance. Frontiers in Astronomy and Space Sciences, 13. https: //doi. org/10. 3389/fspas. 2020. 589817.

Convention on International Liability for Damage Caused by Space Objects. (1972) . Available at https: //www. unoosa. org/oosa/en/ourwork/spacelaw/treaties/introliability - convention. html. Accessed 2022, February 22 ('Liability Convention').

Convention on Registration of Objects Launched into Outer Space. (1976) . Available at https: // www. unoosa. org/oosa/en/ourwork/spacelaw/treaties/introregistration - convention. html. Accessed 2022, February 22 ('Registration Convention').

COSPAR. (2021) . Cospar policy on planetary protection. 3 June 2021. https: //cosparhq. cnes. fr/ assets/uploads/2021/07/PPPolicy _ 2021 _ 3 - June. pdf. Accessed 2022, October 28.

Coustenis, A. , et al. (2019) . The COSPAR panel on planetary protection role, structure and activities. Space Research Today, 205 (14), 18.

Musk, E (@elonmusk) . (2020) . TWITTER (Oct. 16, 2020, 6: 14PM), https: //twitter. com/ elonmusk/status/1317008535075528704? ref _ src = twsrc% 5Etfw% 7Ctwcamp% 5Etweet embed% 7Ctwterm% 5E1317008535075528704 % 7Ctwgr% 5E% 7Ctwcon% 5Es1 _ &ref _ url = https% 3A% 2F% 2Fwww. foxbusiness. com%2Ftechnology%2Fspacexs - elon - musk - alienlife - in - these - two - spots. Accessed 2022, October 3.

Etherington, D. (2019) . Elon Musk says building the first sustainable city on Mars will take 1, 000 Starships and 20 years. Tech Crunch. 8 November 2019. https: //techcrunch. com/2019/11/07/ elon - musk - says - building - the - first - sustainable - city - on - mars - will - take - 1000 - starships - and - 20 -

years/. Accessed 2022, October 28.

European Space Agency. (2017) . ESA planetary protection policy. https: //www. esa. int/Science _ Exploration/Human _ and _ Robotic _ Exploration/Exploration/ExoMars/Planetary _ protection. Accessed 2022, January 21.

Glavin, D. , et al. (2004) . Biological contamination studies of lunar landing sites: Implications for future planetary protection and life detection on the Moon and Mars. International Journal of Astrobiology, 3 (3), 265 – 271.

Japan Aerospace Exploration Agency. (2019) . Planetary Protection Program Standard.

Jet Propulsion Laboratory. (2005) . Planetary protection and contamination control technologies for future space science missions. Available athttps: // solarsystem. nasa. gov/resources/294/ planetary – protection – and – contamination – control – technologies – for – futurespace – science – missions/.

Mitchell, F. , & Ellis, W. (1971) . Surveyor III: Bacterium isolated from lunar – retrieved TV camera. Proceedings of the Second Lunar Science Conference, 2, 2721.

NASA. (2020) . NASA updates planetary protection policies for robotic and human missions to Earth' s Moon and future human missions to Mars, NASA (2020, July 10) . https: //www. nasa. gov/feature/nasa – updates – planetary – protection – policies – for – robotic – and – human – missions – to – earth – s – moon.

National Academies of Sciences. (2017) . engineering and medicine: The goals, rationales, and definition of planetary protection: Interim Report 2.

National Aeronautics and Space Administration (NASA) . (2020) . Biological planetary protection for human missions to Mars 4. https: //nodis3. gsfc. nasa. gov/OPD _ docs/NID _ 8715 _ 129. pdf.

Norma, Z. , & Reiss, M. (2021) . The emergence of an environmental Ethos on Luna. In M. Rappaport. & K. Szocik (Eds.), The human factor in the settlement of the Moon (pp. 221 - 232) . Springer. https://doi.org/10.1007/978-3-030-81388-8_14.

Ott, M. , et al. (2014) . Space habitation and microbiology: Status and roadmap of space agencies. Microbes and Environments, 29 (3), 239 - 242. https://doi.org/10.1264/jsme2.ME2903rh.

Robinson, K. S. (1992) . Red Mars. Random House.

Rummel, J. , et al. (2011) . A microbe on the Moon? Surveyor III and lessons learned for future sample return missions. https://www.lpi.usra.edu/meetings/sssr2011/pdf/5023.pdf.

Rummel, J. , et al. (2012) . Ethical considerations for planetary protection in space exploration: A workshop. Astrobiology, 12 (11), 1017 - 1023. https://doi.org/10.1089/ast.2012.0891.

Rummel, J. D. , et al. (2014) . A New Analysis of Mars "Special Regions": Findings of the Second MEPAG Special Regions Science Analysis Group (SR - SAG2) . Astrobiology, 14 (11) . https://doi.org/10.1089/ast.2014.1227.

Sherwood, B. , et al. (2019) . Forward contamination of ocean worlds: A stakeholder conversation. Space Policy, 48, 1 - 13.

Swiney, G. , & Hernandez, A. (2022) . Lunar landing and operations policy analysis. NASA. Office of Technology, Policy and Strategy. 2022, September 30.

Treaty on Principles Governing the Activities of States in the Exploration and Use of Outer Space, including the Moon and other Celestial Bodies. (1967). Available at https://www.unoosa.org/oosa/en/ourwork/spacelaw/treaties/introouterspacetreaty.html. Accessed 2022, February 22 ('Outer Space

Treaty').

Vega, N. (2020) . Elon Musk pledges to put humans on Mars by 2026. New York Post (2020, December 2) . https://nypost.com/2020/12/02/elon-musk-pledges-to-put-humans-on-mars-by-2026/. Accessed 2022, October 28.

Wall, M. (2019) . Elon Musk floats 'Nuke Mars' idea again (He Has T-Shirts) . Space.com, 2019, August 17. https://www.space.com/elon-musk-nuke-mars-terraforming.html. Accessed 2022, October 28.

Weisberger, M. (2019) . Thousands of tardigrades stranded on the Moon after Lunar lander crash. Space.com, 2019, August 7. https://www.space.com/tardigrades-moon-israeli-lander.html. Accessed 2022, October 28.

第 6 章　月球资源和供应链建议

Manuel Varon Hoyos、Nigel J. Cook 和 Volker Hessel

摘　要　人类对外层空间的探索范围越来越广，不断挑战着科技发展的极限。现在的技术已经发展到了一定水平，人类开始考虑在太空加工领域开展商业和贸易活动。开展商业的一个核心要素是，应该具备生产产品和向客户分销产品所需的资源，这一过程中涉及供应链的运作。

有了供应链，物资和信息才能在生产商品和提供服务所需的各个阶段和谐流动。供应商、制造商、经销商和客户根据供应链管理（Supply Chain Management，SCM）原则，通过合理安排流程，降低成本，进而提高特定供应链的利润。

无论是生产还是供应链，太空独特的环境条件都构成了巨大挑战，而要将制成品运输到客户手中，所涉及的物流障碍更是让这一局面难

M. V. Hoyos 和 V. Hessel (✉)
澳大利亚南澳阿德莱德市阿德莱德大学化学工程与先进材料学院。电子邮箱：volker. hessel@adelaide. edu. au
N. J. Cook
澳大利亚南澳阿德莱德市阿德莱德大学土木、环境和采矿工程学院

M. de Zwart et al.（eds.），Human Uses of Outer Space，Issues in Space，https：//doi. org/10. 1007/978 - 981 - 19 - 9462 - 3 _ 6

上加难。太空旅行距离遥远，需要取得重大技术革新。要实现所需的技术飞跃，可能需要政府和私营部门携手合作。

月球是地球的天然卫星，是人类在外层空间开展经济活动的第一场所。月球靠近地球且人类已经掌握了关于这个天体的信息，其中的一些自然资源易于获取，因此月球很适合用来构建太空商品供应链。这可包括月球与地球之间的空间，该空间被定义为“近月点”空间。

如果要在月球和地月之间的地月空间构建供应链，需要发展制造太空产品的能力，以及专门从事太空产品供应和营销的供应商。

6.1 引言

本章首先通过了解供应链的特点、组成部分和分类等方面，阐述了供应链的一般概念。其次，探讨了供应链管理的重要性，其是构建全面物流系统的一个基本要素；强调了供应链运作参考（Supply Chain Operations Reference，SCOR）模型的范围，这是国际上应用最广泛且认可度最高的相关概念模型。

在确定了本章的一个主题中心是供应链的重要性之后，接下来将着手研究太空产业，力求了解其中最相关的方面、太空经济对我们当前生活方式的影响，以及该产业近年来经历的转变。这一转变尤为关键，因为我们只有通过这些转变才能了解为什么现在应该实施太空供应链，其对地球外的环境和地球本身都将产生有利影响。

随后，本章回顾了重返月球和探索火星等举措，阐述了人类在拓展对太空这一疆域认知的过程中所面临的挑战，从而提出供应链与太空产业相融合的愿景。目前，太空产业层面的供应链完全依赖地球，如果想要深入太空中的遥远目的地，就必须要重新思考现状。

在阐述了供应链在太空行业中的重要性之后，本章重点介绍了月球——人们认为这里是拓展文明疆域最具前景的起始地。因此，本章将从这一角度出发，阐述自然卫星在资源方面蕴藏的潜力、可能的用途以及开发这些资源的方式，强调原位资源利用（In - Situ Resource Utilization，ISRU）作为一种实施战略的重要性。

最后，本章以地月空间之间的近月点为参照区，界定对这种供应链的正常运作起到重要作用的若干组成部分，从而找出对地球依赖程度较低的太空供应链方式。

6.2 供应链

可以把供应链理解为一种系统，其中主要包括各种实体，这些实体负责商业化、生产和分销各类商品和服务。因为供应链的存在，人们才能将原始材料或想法转化为产品，并将这些产品或服务运输到世界各地（Ernst 和 Haar，2019）。因此，在供应链中，相关实体或组织通过各种物流程序相互关联，其中包括运输、库存储存、货物供应和需求规划（Deckert，2020）。

供应链由一系列可以清晰区分的阶段组成，具体的供应链根据其特性而定，可能包含所有阶段或仅包含部分阶段。从本质上讲，大多数供应链是一个网络，其中可分为以下几个阶段：供应商（可提供原材料或组件）、制造商、经销商（或批发商）、零售商、客户（Chopra，2013）。

另外，供应链也有不同的分类方法（图 6 - 1）。供应链的第一种分类形式基于物理结构，即物资在产业链中的流动方式，这会影响需要做出的决策，尤其是库存方面的决策（Goetschalckx，2011）。根据其物理结构的不同，供应链可以是一个串行系统。也就是说，在该系统中，存在着从最高到最低的一系列物资流动层级（Goetschalckx，2011）；还可能存在组装系统，这指的是从高级节点向低级节点供应物资的过程。供应链还可以是一个分配系统，其功能是物资从高级单一节点流向低级多个节点，这与装配系统正好相反（Goetschalckx，2011）。

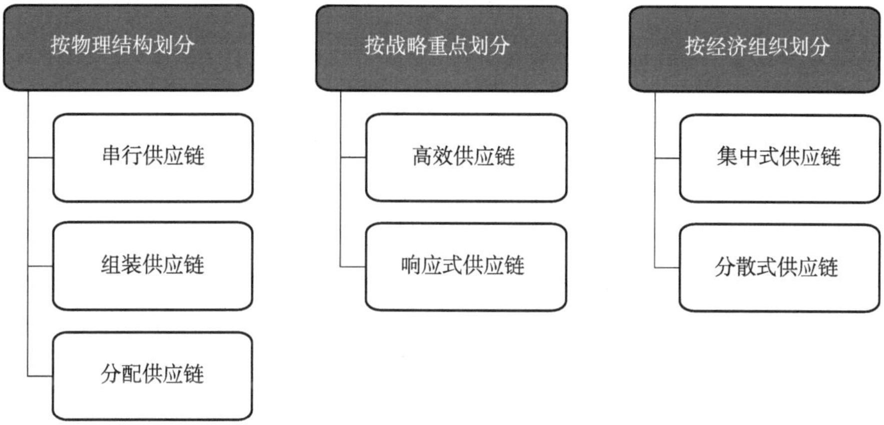

图 6-1　供应链分类（Goetschalckx，2011）

从战略重点的角度来看，供应链既可以是高效供应链，也可以是响应式供应链。高效供应链以低成本生产和加工商品为基础，这非常适合获得生命周期长、品种少的产品；响应式供应链以速度为基础，更适用于生命周期较短、种类较多的产品，如服装和电子产品（Goetschalckx，2011）。

供应链还可根据其经济组织进行分类，即从经济角度看，供应链分为集中式供应链和分散式供应链两种（Goetschalckx，2011）。因此，如果供应链完全由一方或所有者控制，则其被视为集中式供应链；而分散式供应链则由多个行为体参与决策过程。实际上，目前世界上还没有完全集中化的供应链（Goetschalckx，2011）。

6.2.1　供应链的构成

1. 供应链的参与者

一般而言，供应链的基本形式由三个要素组成，分别是公司或组织、供应商和消费者（Hugos，2018）。现在，这些要素或行为体的存在可以有不同的方式。例如，供应链中的一些公司可能同时是生产商、经销商甚至批发商。还有一种情况是，消费者本身就是提供各种服务的零售商或公司（Hugos，2018）。

因为供应链中的成员或参与者可以履行不同的职能，它们可以属于图 6-2 所示的一个或多个类别。

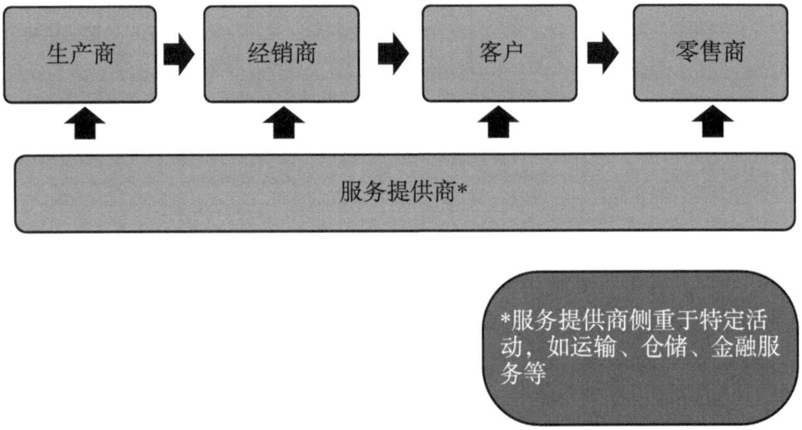

图 6-2　供应链中的参与者（Hugos，2018）

（1）生产商

这些实体或组织生产或制造产品，包括原材料、工业流程产生的产品、无形产品（音乐、娱乐、软件等），甚至是服务（Hugos，2018）。

（2）经销商

这些组织采购大量产品并建立库存，并销售给较小的零售商。经销商还可以履行仓储、产品运输和售后服务等职能（Hugos，2018）。

（3）零售商

与经销商一样，零售商也储存库存并销售产品，但这些销售直接面向消费者（普通大众）。因此，零售商通常会使用不同的策略，以此维持和吸引新买家（Hugos，2018）。

（4）客户

客户是所有获取产品的组织或个人，他们或将产品用作生产其他产品所需的供应品或原材料，或将产品用于消费（Hugos，2018）。

（5）服务提供商

有一些组织专门为生产商、经销商、零售商和客户提供服务。就专业性、效率和价格而言，运输、仓储、金融和营销服务等方面的提供商有利于供应链发展（Hugos，2018）。

供应链必须要有前期设计，这对完成任务和实现目标至关重要。在设计时，必须要考虑到至少有三类主要行为体将不可避免地参与其中：第一个是组织（如生产工厂），第二个是组织的供应商，第三个是消费者。这些行为体通过供应链的活动或流程相互关联（Nel 和 Badenhorst - Weiss，2010）。

2. 供应链的组成

任何供应链的设计和规划都必须基于一系列基本对象或组成部分的构建。应正确建立这些对象或组成部分，因为只有规划正确才能在管理上取得成功（Goetschalckx，2011）。

这些组成部分具体如下。

（1）产品

需要恰当处理与供应链相关的一种或多种产品。因此，应该了解产品的生命周期，因为产品生命周期是由一系列阶段组成的，其中包括概念设计、制造、维护和生命周期结束或最终处置（Ganesan，

2015)。同样地，通过使用帕累托分析法（Pareto Analysis）等工具，分析哪些产品是优先或适宜的，并被认为能够带来更好收益，进而帮助我们改进设计（Ganesan，2015）。

（2）供应商和销售商

提供供应链所需商品的所有代理商统称为供应商。根据供应链的具体特征而定，供应商有时也需要销售商的服务或产品；同样，供应商可能需要依赖于供应链的某些部分，无论这些部分是属于组织内部还是外部（Ganesan，2015）。

（3）加工设施

加工设施是有形资产，如生产或组装工厂和配送中心。就生产工厂而言，加工设施负责生产产品；而配送中心的任务则是根据现有库存或存货满足对产品的需求（Ganesan，2015）。选择设施的位置并设计其特性对于有效管理供应商以及控制设施启动相关成本具有重要影响（Ganesan，2015）。

（4）运输渠道

运输渠道实现了在不同设施之间运输货物。运力、成本或运费、运输工具和所需的运输频率等因素对于确定供应链中的某一运输渠道非常重要（Ganesan，2015）。

同样，有必要指出的是，供应链的设计阶段旨在实现两个具体目标，即利润最大化和成本最小化（Goetschalckx，2011）。其中，利润最大化是指在考虑到规划期间可能发生的情况后，扣除税费后的累计净现金流达到最佳状态（Goetschalckx，2011）；如果在整个规划期限内都能实现净现值的减少，那么成本就会最小化（Goetschalckx，2011）。

6.2.2 供应链管理

供应链管理是一个相对较新的领域，其有组织的研究发展较晚，但在 20 世纪 80—90 年代发展迅猛（Nel 和 Badenhorst - Weiss，2010；Ganesan，2015；Hilmola，2018；Sindi 和 Roe，2017）。供应链管理可定义为一系列任务，其允许在供应商、运输商、制造商、经销商和贸易商的协调下，有效地管理物资、信息和财务流动的方式（Nel 和 Badenhorst - Weiss，2010；Lourenço 和 Ravetti，2018；Stadtler，2005）。供应链管理的目的是协调供应链中各种流动的方式，从而达到满足消费者期望和优化竞争力的主要目标（Stadtler，2005）。

在全球范围内，与供应链管理流程相关的最著名的参考框架是由供应链协会（Supply Chain Council，SCC）开发的供应链运营参考模型。供应链协会是一家成立于 1996 年的非营利组织，旨在推广全球通用标准（Kurbel，2013）。根据供应链运营参考模型，整个供应链的管理必须基于规划、采购、制造、交付和退货等程序（表 6 - 1）。

表 6 - 1　供应链运营参考模型中的管理程序（Kurbel，2013）

程序	描述
规划	通过评估消费者需求、资源可用性以及解决资源获取困难的方式，定义资源方面的能力和困难
采购	确立处理商品和服务的方式，定义接收机制、活动规划和账单管理等方面的内容。评估供应商和资本货物的绩效等管理工作也是这一系列活动的一部分
制造	涉及与商品和服务生产相关的所有流程。具体而言，其包括所有制造活动或涉及物资转化的活动
交付	与客户订单管理（从接收到结算）有关的活动
退货	包括退货理由和退货受理，所有与退货有关的内容

根据供应链运营参考模型确定的程序，各供应链管理系统需以此为依据，完成以下一系列任务（Kurbel，2013）。

1）战略层面的任务。根据假定为或将成为供应链一部分的不同公司的战略，定义供应商和买方网络（Kurbel，2013）。这意味着要在供应能力、战略投资和成本评估等方面做出决策。因此，在战略层面上，有必要使用模拟工具对各种方案进行评估，以确定最适合产业链特定需求的决策（Kurbel，2013）。

2）规划层面的任务。一般来说，就规划而言，执行任务要考虑到中长期因素（Kurbel，2013）；这意味着无论是高层级还是低层级都存在规划活动。就高层级而言，规划指的是完成各种任务，这包括需求评估、安全库存以及相应的供应和分销网络（Kurbel，2013）；就低层级而言，规划任务通常包括生产规划、运输规划、路线规划和详细调度（Kurbel，2013）。

3）执行层面的任务。在执行层面上，所有供应链都有两项基本任务：事件管理和绩效管理（Kurbel，2013）。

6.2.3 供应链事件管理

供应链事件管理（Supply Chain Event Management ，SCEM）指的是允许供应链上不同的机构内部或之间监控供应链运作的一系列行动（Kurbel，2013）。这项工作需要获取并不断更新整个供应链发生的所有事件的数据。这促成了两项重要策略的采纳：跟踪和追溯。这些策略有助于监测物流过程中物件的位置，获取附近物件在整个业务过程中的状态信息（Kurbel，2013）。供应链的监控还有助于验证所获得信息的真实性，创建事件或通知，从而可以在问题发生时，更好、更快地解决问题（Kurbel，2013）。

6.2.4 供应链绩效管理

与供应链事件管理有所不同，供应链绩效管理（Supply Chain

Performance Management，SCPM）需要依赖于供应链事件管理先前处理的数据，这使得供应链绩效管理要在更高层级才能得以运用。供应链绩效管理不仅可以分析事件产生的原因及频率等，还可以确认发展趋势（Kurbel，2013）。同样地，在信息充足的条件下，供应链绩效管理有助于生成各种指标和阈值，而这些指标和阈值有助于改善供应链绩效的评估（Kurbel，2013）。

6.3　太空产业：特点和目前的发展趋势

太空产业是一个极其特殊的行业，其有几个特殊的方面：参与太空探索和利用项目的一系列行为体；上述项目技术复杂性高，要求各种科学学科协同参与（Yazıcı 和 Darıcı，2019）。

太空在全球社会经济方面的影响力越来越大，而这得益于政府给予的助力（PWC，2019）。的确，各国和欧洲空间局等多国集团在完成价值链中的各项任务，促进与私营企业的结盟，为研发计划提供资金等（Highfill 和 MacDonald，2022）。天然气和石油的开采、农业、电信、智慧城市的推行以及国防与安全等活动越来越多地受益于太空探索取得的进步（PWC，2019）以及由此衍生的可在地球上使用的各项技术。

太空经济是指围绕太空设备和器材（卫星、飞行器、地面设备等）的研发与构建所形成的行为体体系，包括专业化产品供应商、服务提供商和客户等，这些参与方共同构成了长条增值链中的一部分（图 6－3）（Paladini 等，2021）。因此，太空产业相关产品与服务全部都是在太空环境中使用的产品与服务，包括支持太空中使用的产品与服务，需要太空投入或支持太空投入的产品与服务，以及与太空研究相关联的所

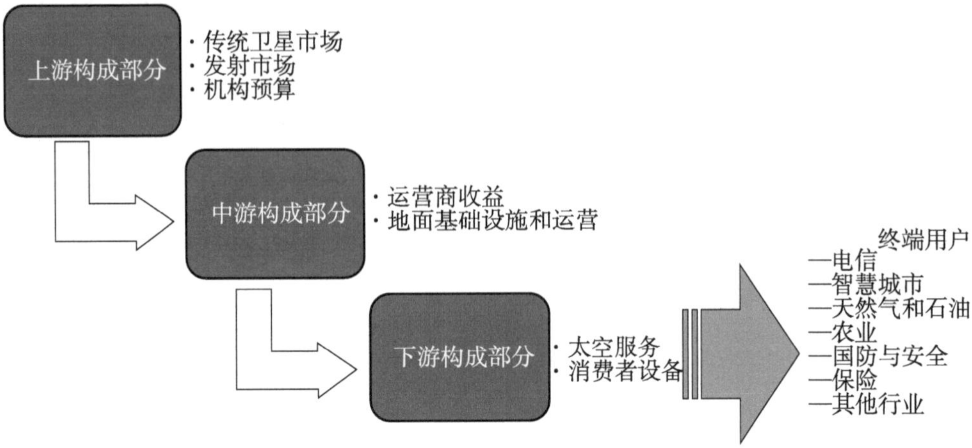

图 6-3 太空经济构成部分（PWC，2019）

有产品与服务（Wooten 和 Tang，2018）。在太空探索和利用相关产品与服务的生产环节中，最重要的经济领域如下（Wooten 和 Tang，2018）。

1）信息业（电信、广播和软件）。

2）专业服务业（研发、计算机系统、地球物理、测绘和工程）。

3）制造业［卫星，地面设备，武器系统，全球定位系统（Global Positioning Systems，GPS）设备，定位、导航和授时（Positioning，Navigation and Timing，PNT）设备以及航天器］。

4）建筑业（太空设施和天文台）。

5）政府部门（勘探、卫星服务和武器系统专业人员）。

6）其他部门（发射服务、保险、教育服务）。

太空探索与利用的活动日益频繁，实用性方面不断提升，从全球对该领域投资的大幅增加［2012—2017 年短短五年内，由 36.67 亿美元增加至 102.38 亿美元（Yazıcı 和 Darıcı，2019）］可见一斑。因此，有必要推进太空活动和市场的规范化管理，积极构建更好的公私营部门合作机制（Yazıcı 和 Darıcı，2019）。同样，该行业在处理和探索外层空间的方式上也开始发生变化。从这个意义上讲，能够发射火箭的私营企业的出现有助于产生新的想法，如商业太空旅行、探索和利用月球资源（如通过采矿）以及殖民化等（Orlova 等，2020）。

2015 年美国修改了特别立法，提高了太空相关商业活动发生的可能性，鼓励发射系统、旅游旅行和资源开发等活动，这些都有利于太空领域向私营企业开放（Vedda 和 Hays，2018）。同样地，随着 2011 年航天飞机计划的结束和国际空间站的设立，新的商业机会出现，并由此出现了一些新的公司来开展以前专门由美国国家航空航天局等机构负责的任务（Orlova 等，2020）。按照这一思路，在维珍航空（Virgin Atlantic）、蓝色起源、SpaceX 和太空制造公司（Made In Space）等新兴私营企业的帮助下，航天器建造、专业资源制造和发射物流便利化等各项活动正如火如荼地进行着（Orlova 等，2020）。同样，太空领域的开放也意味着近年来全球航天器发射数量会有所增加（Orlova 等，2020）。

因此，很明显，未来太空活动的范围将不断扩大。据推测，除私营部门及其投资有所贡献外，对未知的着迷、科技的进步、需涨带供涨等因素也将影响太空产业的多元化（Orlova 等，2020）。

1）对未知的着迷。人类社会从本质上是充满好奇心的，其不断驱使人类开展各种各样的活动。一切未知的事物都无疑是对人类发起的挑战，外层空间就是一个典型的例子。（Orlova 等，2020）。

2）科技的进步。太空探索需要各个领域的科学进步。这些进步一般归功于研发技术和拥有创新能力的团队。随着时间的推移，这些进步会有助于太空应用科技推进新产品（主要是制造品）的开发，日常生活医药、互联网普及、信息技术以及自然资源和环境管理等各个方面实用技术的研发（Paladini 等，2021；Orlova 等，2020）。

3）需涨带供涨。对人类社会开展各种活动所需自然资源的需求随着时间的推移在逐渐增加。人口增长、人类寿命普遍延长以及经济实力增强带动的消费增加等因素都有利于这一情况，预期这些因素在近期内将持续存在（Orlova 等，2020）。

除此之外，可耕地、淡水、化石燃料和矿产等资源的获取变得越来越难，同时还存在气候变化带来的影响。因此，有必要采取策略来缓解地球有限资源方面的压力，如采取措施减少消费或增加现有自然资源的供应，这些都是有效、可行的（Orlova 等，2020）。

最后，在太空建立人类居住区等方式能够加大所需资源的供应量，进而有助于开采地球上日益稀缺但小行星和行星上大量存在的矿物质（Paladini 等，2021）。能源和人类活动所需空间（如住房、农业设施和废物管理）方面也存在巨大潜力（Orlova 等，2020）。

6.4 太空产业供应链

越来越多的行为体将太空视为良好的商业环境。对太空活动感兴趣的机构数量的增长是“太空民主”的一种体现（Galluzzi 等，2006），也意味着需要构建参数和规则，推动太空探索和利用的良好发展。

因此，将太空整合为一个经济活动领域将需要克服各种各样的障碍。首先，太空旅行涉及巨大的距离问题。例如，月球轨道距离地球超过 400 000 km，而火星距离地球至少 55 000 000 km。这不仅关乎如何到达如此遥远的地方，还需要考虑人类在那里的生存条件（Orlova 等，2020）。另一个重大的挑战是重力问题。能够克服重力问题所需飞船的设计和制造极为昂贵，尤其还考虑到高速能力的必要性（超过

40 000 km/h）（Orlova 等，2020）。

另外，我们还应注意到极其重要的一点：太空的环境条件十分恶劣，主要表现为人类可利用的天然水、空气或食物等资源微乎其微或甚至没有，辐射强度高，许多地方完全失重（Orlova 等，2020）。最后，必须减少对地面设备的依赖、改善通信、降低太空垃圾带来的风险来优化信息流（Orlova 等，2020）。

尽管承认并认识到上述困难最终必须克服，但未来在太空中开展的活动将越来越复杂，需要妥善管理这些活动的材料和流程及信息。因此，考虑到最新技术进步，在太空中建立完整的机器人供应链是切实可行的（Metzger，2016）。如果没有在地球以外的区域构建适当的供应链，太空探索将难以为继（Galluzzi 等，2006）。

因此，有必要促进太空活动的规划、控制和管理，整合和预测供应链的不同流程，同时考虑执行新的太空计划，例如，与月球和火星相关的计划（Galluzzi 等，2006）。所以，就太空产业层面实施的供应链管理系统而言，涉及供应来源的选择、满足需求条件的制造和采购的执行、供应和需求预测以及绩效指标衡量的一切都将变得越来越重要（Galluzzi 等，2006）。

6.4.1　太空产业供应链实施行动领域

考虑到太空环境条件带来的挑战，发展太空活动所需供应链将需要在各个运营性质方面取得明显进展。空间环境条件与未来供应链发展之间的关系如图 6－4 所示。

（1）交付时间

虽然目前火箭发射后只需几分钟即可到达近地轨道，但与国际空间站对接需要花上几个小时甚至几天的时间（Wooten 和 Tang，

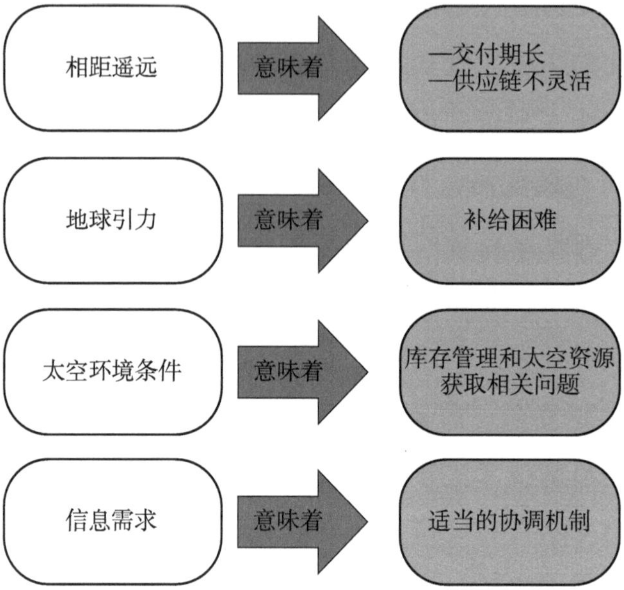

图 6－4　空间环境条件与未来供应链发展之间的关系（Wooten 和 Tang，2018）

2018）。同样，航天器预设需要合理的时间，必须严格遵守这一时间以确保任务顺利完成。前往月球、火星等太空遥远的地方时，这一点变得更加重要（Wooten 和 Tang，2018）。太空旅行的复杂性会对物资的运送时间产生不良的影响，设计供应链时必须考虑到这一点。

较长的交付时间反过来会影响到供应链的灵活性，甚至可能影响到供应链应对风险的能力（Wooten 和 Tang，2018）。为了应对这些困难，定制化设计供应链，提供定制化解决方案可能有用（Wooten 和 Tang，2018）。

（2）成本

不断供应小批量运输零件和专业设备可能导致高昂的成本，因为供应链通常以处理大批量货物为运行基础（Wooten 和 Tang，2018）。鉴于太空经济所需的最精密的要件不大可能大量供应，因此设计供应链时必须解决这个问题及伴随的风险与不确定性，同时想办法降低成本（Wooten 和 Tang，2018）。

（3）存货

失重等因素可能导致物品因无法妥善存放、追踪不充分、所需备件缺乏管理等问题而丢失，因此太空存货的管理可能成为一个棘手的问题（Wooten 和 Tang，2018）。

（4）太空资源的获取

按未来太空探索和利用的需求开发适当的供应链必然要求降低对地球提供的商品和服务的依赖（Wooten 和 Tang，2018；Carpenter 等，2016）。目前已在月球及一些小行星上发现了丰富的矿物质和水资源。利用这些资源，不仅能够促进太空整合为一个拥有自身供应链的经济环境，还有助于振兴地球本身的经济（Wooten 和 Tang，2018）。

（5）利益相关者之间的协调

太空领域向私营企业开放，推动了众多公司的崛起，这意味着公私营实体之间的商业交往会越来越多，带来的机会也越来越多，但竞争也会更加激烈。互动需要推进协调，而协调又需要配置、优化和整合信息流。考虑到太空活动的复杂性和特殊性，可以使用模型这一基础工具，帮助建立符合特定情况的联合工作方案（Wooten 和 Tang，2018）。除了协调之外，如果要改善信息流动的方式，还必须推动远距离通信系统的改进（Wooten 和 Tang，2018）。

6.5　月球资源

外层空间提供巨量的物质和能源资源。距离地球最近的天体月球就具有这一特性。鉴于月球到地球的距离较近，因此月球可以作为理想的测试场地，帮助我们了解如何驾驭非陆地自然资源的潜力

（Carpenter 等，2016；Spudis，2011a）。

根据多年来遥感团队支持的众多任务提供的信息，我们可以得出结论：月球的自然资源最终可能有三种用途（Crawford，2015）。首先，月球资源可能用作支撑材料，促进月球本身的探索；其次，可以用于在“地月空间”（包括地球和月球之间的区域）以及太阳系的其他区域开展经济和科学活动；最后，可以用作向地球出口的资源，以推进地球的经济发展（Crawford，2015）。

6.5.1 月球探索资源利用

建设月球基地需要用到表岩屑，也就是覆盖整个月球表面的未固结岩石物质层，这层物质已形成了数百万年。表岩屑的重要性在于其有利于修建抵御宇宙射线的构筑物（Crawford，2015）。表岩屑还可以用于制作陶瓷制品，促进谷物生长。表岩屑中存在的其他成分，如氧、氢、氦、铁、铝、钛等金属以及硅，还有利于火箭燃料和核能的生产（Taylor，1992）。

6.5.2 地月空间活动资源利用

月球两极附近地区拥有丰富的水资源，并且几乎永远有阳光照射，有助于建立穿行地月空间的运输系统（Spudis 和 Lavoi，2011）。一开始应从少量生产水和氧气的示范性工艺入手，以完善所需的技术；然后，可以获得大量可用的产品（主要为饮用水、空气和建筑材料）；之后，还可以提炼火箭燃料，当燃料可以大量生产时，便能够将剩余的燃料带到地球和月球之间的矿床，从而为创建地月经济铺平道路（Spudis，2011b）。

6.5.3 地球经济探索资源利用

外层空间资源的开发利用有助于推动地球经济发展，但这需要满足一些条件。如果某种特定商品（如铂或黄金等金属）具有较高的市场价值，而从太空运往地球的成本足够低，可以实现盈利，并且地球上没有该资源，那么将地外资源引进地球是可以实施的（Henckens，2021；Duke 等，2006）。

从地质学的角度来说，月球有两大主区域：高地和月海。其中，高地是浅色的古岩石层；月海颜色较深，主要呈圆形（Crawford，2015）。高地的特点是富含钙、铝、硅和氧等化学元素，而月海则富含镁、铁和钛（Crawford，2015）。

然而，高地和月海都被表岩屑覆盖，这些表岩屑是数百万年来无数陨石和微陨石撞击（Crawford，2015）、太阳风作用（Rapp，2018）形成的。表岩屑十分丰富，因此是实施月球探索和经济开发过程的基本原材料（Crawford，2015）。表岩屑可以用作制取氧气、建房修路、生产玻璃和各种合金等活动的原材料（Kuhn 等，2022）。

因此，探讨以下几种月球自然资源的经济潜力。

(1) 硅酸盐

硅酸盐主要出现在高地，存在的形式有辉石、斜长石和橄榄石。硅酸盐是月壳和月幔中最常见的矿物（Kuhn 等，2022；Chen，2018）。硅酸盐的重要性在于其氧含量通常高于 40%（Spudis 和 Lavoi，2011）。但是，至少在目前，氧气的提取意味着需要找到一种方法能够让强硅酸盐键断裂，而这需要非常高的温度才能够实现（Duke 等，2006）。因此，必须开发一种配备适宜反应器的自主处理装置来执行从挖掘到最终处理表岩屑废料过程中的所有任务（Rapp，2018）。

（2）铁氧化物

月海中的表岩屑中含有丰富的铁氧化物（表岩屑中铁氧化物平均含量达 14%）（Rapp，2018）。获取月球中存在的铁氧化物需要一种氢基还原工艺，开展这种工艺的条件要比硅酸盐还原工艺所需条件更加便利（Rapp，2018）。

（3）太阳风原子

太阳风原子主要以氢和氦离子的形式存在于表岩屑颗粒表面，在极细小的物质中最为丰富。月球上缺乏大气层，而这些原子移动速度很快，这有助于它们进入月球表面（Rapp，2018）。月球上氢离子量少，因此要利用它们，就需要利用大量的表岩屑。然而，人们认为氢可以用作火箭燃料、还原剂，或许最重要的是，可以用作生产水的原料（Heiken 等，1991）。就其本身而言，氦离子也可以在月球上找到，虽数量有限［氦-3（^{3}He），每克氦中有 10～20 μg 氦-3］，但仍然比地球上的丰富。基于此，加上氦-3 可用于通过聚变产生核能，所以^{3}He 被定位为是一种具有巨大潜力的资源（Heiken 等，1991）。

（4）月球两极附近陨坑中以冰的形式存在的水

根据迄今所获得的数据，月球南北两极干燥的表岩屑当中存在（水）冰，覆盖面积两极各约 1 850 km^2（Rapp，2018）。由于缺乏大气层，月球表面其他部分的温度很高，即非极地区域暴露在直射日光下；而月球两极是暗区，阳光无法直射，有利于陨坑底部结冰（Rapp，2018）。在过去 20 亿年里，阳光从未到达过这些区域（Zhao 和 Chen，2020）。

（5）铝

斜长石中含有铝，这种矿物质存在于高地，以碎片或岩石形式存在。月球上存在的铝可以用作轻型构筑物的材料，还可以用作反射或涂层材料，以及火箭燃料。但是，这种材料的处理非常复杂，它的提取短期内无法实现（Heiken 等，1991）。

（6）氧气

月球上几乎没有自由氧，氧气必须从岩石中提取，更具体地说是从硅酸盐或氧化物矿物中提取。人们认为，最有希望用于提取氧气的矿物是钛铁矿（$FeTiO_3$），因为使用钛铁矿提取氧气时只需要用到比较少的能量。氧气的重要性在于其可以对人们在地球以外的地方生活提供基础支持，且其可以用作火箭燃料中的一种成分（Heiken 等，1991）。

6.6 原位资源利用

开发外层空间的自然资源，不仅可以减少人们对地球有限资源的依赖，还有助于推动太空探索实现商业可持续性。从这个意义上讲，原位资源利用这一概念的提出标志着人们朝着正确的方向迈出了一步。原位资源利用是指现场利用可用材料，即在地球以外其他天体利用可用资源，生产人类或机器开展各种活动所需的商品和服务（Crawfor 等，2014；McConnell 和 Tolley，2016；Grier 和 Rivkin，2019；Anand 等，2012；Sacksteder 和 Sanders，2007；Linee 等，2017）。原位资源利用力求减少探索可能带来的成本、质量问题和风险程度，并提高太空任务的执行情况（Sanders 和 Larson，2012）。原位资源利用以五大领域的开发为基础，这五大领域被认为具有重大的意义（Sanders 和 Larson，2012），具体如下。

1）资源定性和测绘。

2）生产任务发展所需消耗品（商品和原材料）。

3）土木工程和地面建筑施工。

4）能源的生产、储存和传输。

5）利用本土资源进行制作、维修。

利用月球、火星或小行星等其他天体上的自然资源的系统意味着完成以下几项任务或阶段（Linne 等，2017；Kleinhenz 和 Sanders，2021）：

1）资源评估（勘探）：评估测绘各种可利用资源（物理、化学、地质、水等），可以在地面进行，或在有关天体的轨道上进行。人们认为，太空测量有助于进行初步和一般测量，而地面测量则可以产生更具体的数据（Linne 等，2017；Kleinhenz 和 Sanders，2021）。

2）资源获取：这项任务需要通过挖掘、钻探或其他方法获取土壤和大气中存在的材料，对材料进行准备，并进行处理（Linne 等，2017；Kleinhenz 和 Sanders，2021）。

3）资源加工/消耗品生产：将资源转化为有用的产品或建造或制造新产品所需的原材料，如任务所需消耗品（推进器、为支持人类生活而设计的产品以及燃料电池所需物料）（Linne 等，2017；Kleinhenz 和 Sanders，2021）。

4）现场制造：采用本土可用资源生产各种商品，包括备件、机械和其他复杂产品（Linne 等，2017；Kleinhenz 和 Sanders，2021）。

5）原位建设：包括所有只使用本土材料建设基础设施的活动。原位建设将允许放置诸如防辐射掩体、道路、房屋和航天器着陆起飞构筑物等设施（Linne 等，2017；Kleinhenz 和 Sanders，2021）。

6）原位能量：制造能源生产和存储设备，利用周围环境中的可用资源生产能源（Linne 等，2017；Kleinhenz 和 Sanders，2021）。

在原位资源利用系统中集成移动方案，资源和生产的商品可以在不同设施之间以及这些设施和最终产品的消费点之间移动，而开发能够让基础设施和设备长期运行的自主技术，将是启动原位资源利用设施的基本要素（Linne 等，2017；Kleinhenz 和 Sanders，2021）。

6.7　构建月球资源利用供应链

以月球资源的利用为基准实施供应链，需要事先在地球上进行大量的研究，并尽可能忠实地模拟月球的独特条件（通常指的是丰富的表岩屑、重力缺失、真空和极端气温变化）（International Space Exploration Coordination Group，国际空间探索协调组，2021）。此外，确定月球资源开发可持续的程度也很重要。目前，从各种矿物中提取生产氧气似乎是一个单一经济过程，很有可能实现原位资源利用方法的一大主要目标，即利用地外原材料在太空中生产商品和服务（Ellery，2020）。

关于太空中可能的供应链的实际运作，值得强调的是，网络供需动态变化、负载配置变化、运输成本和不可预见的事件等方面都很重要。此外，还应考虑调动货物的储存、分配和使用方式（Galluzzi 等，2006）。

尽管目前存在一定的信息空白，但本章还是讨论了外层空间供应链的可能构建方式。由于地月区域距离地球较近，因此将以地月区域作为空间参考。预计这将是太空中第一个必须拥有充足的货物和服务供应、具备往返月球运输能力以及执行月球和深空任务所需基础设施的区域。因此，人们认为这一区域的战略重要性日趋重要（Kaplan，2020）。

6.7.1 地月空间

地月空间是指同时受地球和月球引力影响的区域，涵盖近地轨道（Low Earth Orbit，LEO）、中地球轨道（Medium Earth Orbit，MEO）、地球同步轨道（Geosynchronous Orbit，GSO）、地球静止轨道（Geostationary Orbit，GEO）、高偏心率椭圆轨道（Highly Elliptical Orbit，HEO）等各种轨道（图 6－5）。地月空间由地月平动点（或拉格朗日点）和近月轨道（Lunar Low Orbit，LLO）组成（Bobskill 和 Lupisella，2012；Johnson，2022）。目前，地月空间对于人类具有重要意义，所有支持太空活动的卫星和构筑物都设在地月空间，分布在其几乎所有区域，具体如下。

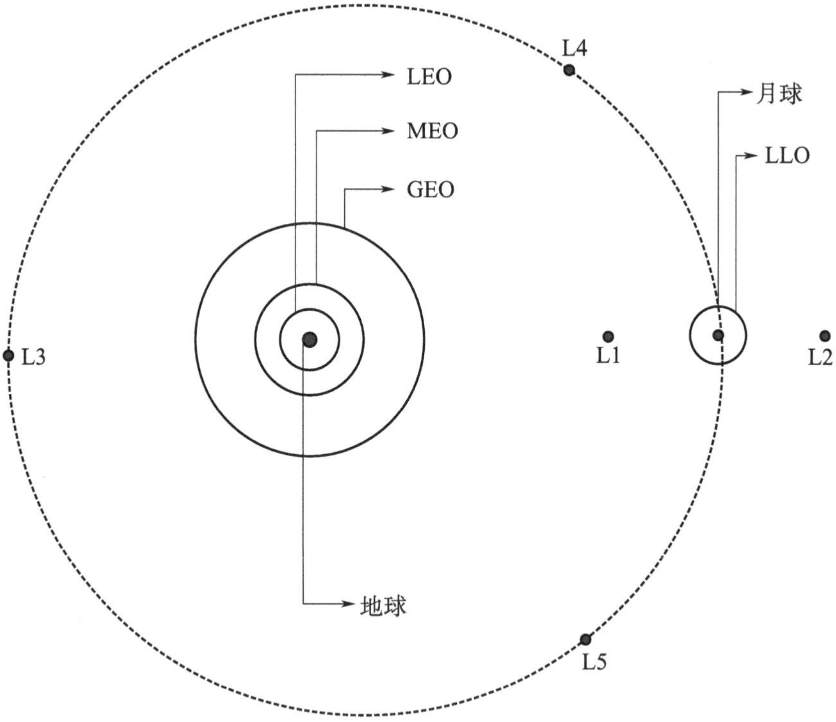

图 6－5　地月空间

1）近地轨道是距离地球最近的区域（高度在 180～2 000 km）（Duffy 和 Lake，2021）。从地球发射的大多数卫星和设施（临时和永久）都在其中运行（通常在 200～300 km 的高度），主要执行地球及其大气层的远程轨道传感任务（Spudis，2011b）。

2）中地球轨道位于 2 000～35 780 km 的高度（Duffy 和 Lake，2021）。全球定位系统使用的卫星星座主要在该区域运行，因为该区域适合进行需要长时间可见性的活动（Spudis，2011b）。

3）地球静止轨道和地球同步轨道位于约 35 780 km 高的区域，用于通信、气候监测等相关的活动（Spudis，2011b）。

4）高偏心率椭圆轨道的轨道极度拉长，因此轨道周期非常长。这种类别的轨道主要用于通信、卫星无线电和遥感（Spudis，2011b）。

5）地月平动点又名拉格朗日点，这些区域比地球静止轨道还要远，其中两个巨大天体（此处指地球和月球）共施万有引力等于一个小得多的天体的离心力（Howell，2017），因此适合作为运输和物流设施的所在地（Spudis，2011b）。已确定有五个秤动点（L1～L5），其中三个被认为是不稳定的（L1、L2 和 L3），而 L4 和 L5 点是稳定的（Duffy 和 Lake，2021）。这些区域已被用于太空活动，如观测和监测气候变量（Howell，2017）。

从地球同步轨道或从秤动点很容易进入近月轨道区域（Spudis，2011b）。

6.7.2 地月空间供应链

如 6.1 节所述，地月空间供应链可以根据以下四个关键方面的定义来构建：产品、供应商和营销人员、设施、运输渠道。

6.7.2.1 产品

拟在地月空间执行的任务不仅将促进往返月球的运输发展，还将促进技术能力的发展，使未来执行日益复杂的月球任务和开始深空探索任务成为可能（Kaplan，2020）。因此，探索地月空间需要有各种货物、产品或用品，以便为乘员提供生命支持，促进科学和经济活动。

无论是早期探索阶段的乘员，还是在建立地外人类居住区后的更多人，都需要物资供应。空气、水、食物、卫生用品、个人用品及药品都是必需的，同时还需要日常生活所需的基本工具，以保持健康状态，进而保障衣物及电子设备等辅助物品的正常使用（Lee 等，2018；National Space Society，美国国家空间学会，2018a；Gralla 等，2006）。除了开发原位资源利用外，还需要实施能够适应真空和低重力条件的农业、制造、空气和材料回收技术（National Space Society，美国国家空间学会，2018a），因此有必要采用适当的废物管理设施和实施规程。

住房和基础设施，如移动系统、发电设备、机器人系统和栖息地等设施的供应也非常重要，这需要依靠可以灵活使用月壤或从拆卸的太空飞行器上回收的部件等材料的制造技术（如 3D 打印）来实现（Lee 等，2018；Hendrixson，2022）。

同样，运输设备、推进剂（包括氧化剂和燃料）也是必需物资，供火箭和飞船移动所用。这是太空探索的一个重要方面，因为与我们在地球上所了解的供应链情况不同，推进剂可能占飞船总质量的很大一部分（Gralla 等，2006）。要利用地月空间，不仅需要有用于探索和科学研究的特定设备，还需要有用于通信、装载和保障供应物资的设备（Gralla 等，2006）。

6.7.2.2　供应商和营销人员

地月级供应链的运作应涵盖在以下领域开展活动的组织。

1）运输。随着地月空间探索的推进，各种任务所需的人员和材料的运输需求也随之而来。预计穿越不同地月轨道及拉格朗日点的太空飞行器将在需要的地方投放和接收货物、机器人设备和人员（Vedda，2018）。然而，航天器的发射成本需要有足够的下降空间，这样才能保证最终在月球上生产航天器所需的水和推进剂等物品比从地球上提供这些物品更便宜（Colvin 等，2020）。

2）建筑。为执行任务的乘员建造居住地及其他基础设施是另一项应予考虑的重要任务。充气式栖息地和太空舱、地表栖息地等构筑物（如 3D 打印构筑物）（Colvin 等，2020），以及酒店、工厂和实验室等更复杂的设施都必须投入使用，每种设施都要适应特定的太空条件，并充分利用周围的可用资源（National Space Society，美国国家空间学会，2018a）。

3）原位资源利用。在这一层面上，各公司将参与两种类型的原位资源利用工作：月球资源的勘探、提取和加工，以及利用资源制造或生产各种产品（Colvin 等，2020）。

4）通信。随着地月空间活动的日益频繁，通信和导航服务将变得至关重要。提供这些服务的公司必须努力保证其安全性、可靠性和可扩展性（Vedda，2018）。

5）私人物品和服务。据估计，在提供诸如在月球表面处理遗体、利用月球材料制作物品（如珠宝）、提供太空旅游等服务的基础上，将会形成一个市场，该市场依托于卫星本身或以沿轨道路径的形式存在被认为是可行的。（Colvin 等，2020）。

6）生产供应链所需的货物。用于原位资源利用等活动的电池、燃料电池、发动机、支持系统和电子设备等产品必须由专业公司生产（Colvin 等，2020）。

7）科学考察。参与这一领域的公司将专注于收集科学信息以及供应专业遥感设备（Colvin 等，2020）。

6.7.2.3 设施

为在地月空间构建供应链而必须建造的设施等，必须适应温度、太阳辐射和重力等条件。从物流角度看，所有这些都是前所未有的挑战。在这一构想中，某些设施的存在可能是必需的，举例如下。

1）原位资源利用工厂。该等构筑物中将会包括储运车、地形专用车辆、发电厂和待开采原材料加工厂等要素（Ishimatsu 等，2016）。据估计，这些系统将会采用自动工作的方式，或通过机器人进行工作，其维护程度和生产力水平将随着时间的推移而扩展（Ishimatsu 等，2016）。

2）太空制造设施。这些设施将成为生产太空探索所需物品的专用场所，并将容纳那些被认为过于庞大而无法在地球上制造并运入太空的构筑物（National Space Society，美国国家空间学会，2018a）。

3）空间站。其主要目的是服务于太空飞行器的流动，为其起降提供便利，主要针对在地球、月球和拉格朗日点之间运送乘员和补给品的飞行器（Vedda，2018；Lizy-Destrez 等，2021）。

4）供人员常驻和开展科学活动的设施。为了保证供应链运作所需人员能持续在岗，将为这些人员提供相关设施，使他们能够在开展活动时免受各种太空现象的影响，如宇宙辐射和与太阳活动有关的事件（Bobskill 和 Lupisella，2012）。

5）太空物流基地。太空物流基地将会专门设置于月球轨道和拉格朗日点（L1 和/或 L2）等，用于转移和储存推进剂和货物（National

Space Society，美国国家空间学会，2018b)。

6.7.2.4　运输渠道

地月空间货物和服务供应链中的运输会受到天体各种干扰的影响，这些干扰主要来自天体引力，可能会对运输路线的确定造成影响（Lizy - Destrez 等，2021)。同样，容纳停驻飞行器的场所、导航的发展和交接时间的改善也会影响交通系统的性能（Lizy - Destrez 等，2021)。

要构建地月空间供应链的合理运输渠道，需要围绕以下四个基本方面进行构思。

（1）容量

在深空探索的初始阶段（基本上以利用低地轨道为基础)，将使用中小型飞行器，且尽可能重复使用这些飞行器，用于运送乘客和补给品（Snead，2006)。在中期阶段，有可能出现运载能力更高的飞行器，不仅可以运送人员和商品，还可以运送卫星等部件的组装或维修设施，成为位于某一轨道上的机库或临时基地（Snead，2006)。

就具体载重量而言，小型飞行器的有效载荷可能在 10 t 左右，而中型飞行器的有效载荷可达 20 t。同样，大型飞行器的载重量可达 50 t，超大型飞行器的载重量则可达 70 t 甚至 110 t（Merrill 等，2012)。

（2）成本或运费

通过开发可重复使用的推进剂，有望大幅降低飞行器的发射成本。同样，发射将力求更加高效可靠，从而提高成功率（National Space Society，美国国家空间学会，2018a)。另外，应努力通过优化飞行器的使用效率来降低成本，如在货物运输方面，使用容量较大的飞行器运输较大的货物，使用容量较小的飞行器执行后勤和再补给任务

(Merrill 等，2012)。

(3) 运输方式

月球着陆器等飞行器将有助于在轨道站和月球表面之间往返，因为它们的设计能够平稳、安全地着陆（Lizy - Destrez 等，2021)。另外，在货物运输方面，由于化学燃料可用于小型、大型和中型飞行器上，因此预计短期内执行货物运输任务的飞行器将使用基于化学燃料的推进系统。虽然目前已能开发电动机驱动的生产系统，但这些生产系统只能在中小型飞行器上使用（Merrill 等，2012)。

(4) 频率

考虑到可能的地点之间距离遥远，地月空间的运输和交付时间可能相当长（Fayez 等，2006)。此外，还必须考虑到地球外运输可能产生的高昂成本。因此，如果能够通过利用原位资源生产推进剂等方式来降低成本，这可能会增加对地月运输的需求，增加运输频率。(Kutter 和 Sowers，2016)。

本章小结

生产货物和提供服务需要众多活动相互配合，众多参与实体相互协作。供应链的存在是确保经济正常运行的条件之一，供应链以供应商、制造商、经销商、零售商和客户的参与为基础，使产品或服务能够在所需的时间和条件下提供给需要者。

因此，每条供应链都必须有足够完善的规划，以最大限度地涵盖形成管理供应链的理念的初始阶段和开展各种经济活动的时期。因此，供应链的结构化管理必须遵循供应链管理制定的参数。

人类开展的与探索外层空间相关的经济活动也有可能得到认真规

划，如果考虑到地球以外环境的特殊条件，可能性会更高。在低重力或零重力、长途跋涉和受到太阳辐射等情况下，在确定物质资源的使用方式和所需人数（如有）时，需要更加谨慎。

尽管对太空的探索和利用面临着巨大挑战，但月球和火星等天体在自然资源方面仍具有巨大潜力，而地球上的自然资源越来越少，在某些情况下趋近于零。因此，月球将成为一个能够按照扩大人类活动范围所需的参数和条件而建立的地方。

鉴于月球距离地球很近，两个天体之间被称为地月空间的区域已开始通过卫星定位和更复杂的太空装置得到持续利用（主要是在最靠近地球的区域）。不过，离月球最近的太空区域也有必要利用起来，那里也有可能开展活动的区域，因此也有可能建立供应链。

因为建立提高利润和降低成本的地月经济结构和供应链需要开展大量的工作，所以要花费一定的时间。其中，包括创造产品和建立拥有合格人员的组织，也包括基础设施的建设，尤其是通过设计能够应对恶劣太空条件的特殊运输工具。

参考文献

Anand, M., Crawford, I. A., Balat - Pichelin, M., Abanades, S., van Westrenen, W., Péraudeau, G., Jaumann, R., & Seboldt, W. (2012). A brief review of chemical and mineralogical resources on the moon and likely initial in situ resource utilization (ISRU) applications. Planetary and Space Science, 74 (1), 42 - 48. https://doi.org/10.1016/j.pss.2012.08.012.

Bobskill, M., & Lupisella, M. (2012, May 22). The role of cis - lunar space in future global space exploration. Global space exploration conference (Washington, DC). https://ntrs.nasa.gov/citations/20120009459.

Carpenter, J., Fisackerly, R., & Houdou, B. (2016). Establishing lunar resource viability. Space Policy, 37 (Part 2), 52 - 57. https://doi.org/10.1016/j.spacepol.2016.07.002.

Chen, S. (2018). Surface of the moon, distribution of materials and structures. In B. Cudnik (Ed.), Encyclopedia of lunar science (pp. 1 - 6). Springer. https://doi - org.ezproxy.utp.edu.co/10.1007/978 - 3 - 319 - 05546 - 6_44 - 1.

Chopra, S. (2013). Supply chain management: Strategy, planning, and operation. Pearson.

Colvin, T., Crane, K., Lindbergh, R., & Lal, B. (2020). Demand drivers of the lunar and cislunar economy. IDA Science & technology policy institute. https://www.ida.org/-/media/feature/publications/d/de/demand -

drivers - of - the - lunar - and - cislunar - economy/d - 13219. pdf.

Crawford, I. A. (2015) . Lunar resources: A review. Progress in Physical Geography: Earth and Environment, 39 (2), 137 - 167. https://doi.org/10.1177/0309133314567585.

Crawford, I., Joy, K., & Anand, M. (2014) . Chapter 25 - Lunar exploration. In T. Spohn, D. Breuer, & T. V. Johnson (Eds.), Encyclopedia of the solar system (pp. 555 - 579) . Elsevier. https://doi.org/10.1016/B978-0-12-415845-0.00025-6.

Deckert, C. (2020) . Supply chain. In S. Idowu, R. Schmidpeter, N. Capaldi, L. Zu, M. Del Baldo, & R. Abreu (Eds.), Encyclopedia of sustainable management (pp. 1 - 4) . Springer. https://doi-org.ezproxy.utp.edu.co/10.1007/978-3-030-02006-4_132-1.

Duffy, L., & Lake, J. (2021) . Cislunar Spacepower. The New Frontier Space Force Journal, Issue II by sfj december 31, 2021. https://spaceforcejournal.org/3859-2/.

Duke, M., Gaddis, L., Taylor, G. J., & Schmitt, H. (2006) . Development of the Moon. Reviews in Mineralogy and Geochemistry, 60 (1), 597 - 655. https://doi.org/10.2138/rmg.2006.60.6.

Ellery, A. (2020) . Sustainable in - situ resource utilization on the moon. Planetary and Space Science, 184, 104870. https://doi.org/10.1016/j.pss.2020.104870.

Ernst, R., & Haar, J. (2019) . Supply chains. InGlobalization, competitiveness, and governability (pp. 125 - 144) . Palgrave Macmillan. https://doi-org.ezproxy.utp.edu.co/10.1007/978-3-030-17516-0_6.

Fayez, M., Cope, D., Kaylani, A., Callinan, M., Zapata, E., & Mollaghasemi, M. (2006) . Earth to orbit logistics and supply chain modeling and simulation for NASA exploration systems. Proceedings of the 2006 winter simulation conference (pp. 1462 - 1469) . https://doi. org/10. 1109/WSC. 2006. 322914.

Galluzzi, M., Zapata, E., de Weck, O., & Steele, M. (2006) Foundations of supply chain management for space application, AIAA 2006 - 7234. Spaceflight 2006. https://doi. org/10. 2514/6. 2006 - 7234.

Ganesan, R. (2015) . Introduction. InThe profitable supply chain. Apress. https://doi - org. ezproxy. utp. edu. co/10. 1007/978 - 1 - 4842 - 0526 - 6 _ 1.

Goetschalckx, M. (2011) . Supply chain systems. InSupply chain engineering (International series in Operations Research & Management Science) (Vol. 161) . Springer. https://doi - org. ezproxy. utp. edu. co/10. 1007/978 - 1 - 4419 - 6512 - 7 _ 11.

Gralla, E., Shull, S., & de Weck, O. (2006) . A modeling framework for interplanetary supply chains. AIAA 2006 - 7229. AIAA Space 2006 Conference and Exposition, San Jose, California.

Grier, J., & Rivkin, A. (2019) . Chapter 12 - Future exploration. In J. A. Grier & A. S. Rivkin (Eds.), Airless bodies of the inner solar system (pp. 255 - 273) . Elsevier. https://doi. org/10. 1016/B978 - 0 - 12 - 809279 - 8. 00012 - 3.

Heiken, G., Vaniman, D., & French, B. (1991) . Lunar sourcebook a user's guide to the moon. Cambridge University Press. https://www. lpi. usra. edu/publications/books/lunar _ sourcebook/ pdf/LunarSourceBook. pdf.

Henckens, T. (2021) . Chapter 2 - The availability of mineral resources. In T. Henckens (Ed.), Governance of the world' s mineral resources (pp. 9 - 35) . Elsevier. https://doi. org/10. 1016/B978 - 0 - 12 - 823886 - 8. 00010 - 5.

Hendrixson, S. (2022, May 3) . 6 reasons space exploration will need additive manufacturing. Additive Manufacturing. https://www. additivemanufacturing. media/articles/6 - reasons - space - exploration - will - need - additive -

manufacturing.

Highfill, T., & MacDonald, A. (2022). Estimating the United States space Economy using input - output frameworks. Space Policy, 60, 101474. https://doi.org/10.1016/j.space-pol.2021.101474. CD.

Hilmola, O. P. (2018). Introduction. InSupply chain cases (pp. 1-6). Palgrave Pivot. https://doi-org.ezproxy.utp.edu.co/10.1007/978-3-319-71658-9_1.

Howell, E. (2017, August 22). Lagrange Points: Parking places in space. Space. https://www.space.com/30302-lagrange-points.html.

Hugos, M. (2018). Key concepts of supply chain management. In M. Hugos (Ed.), Essentials of supply chain management. https://doi-org.ezproxy.utp.edu.co/10.1002/9781119464495.ch1.

International Space Exploration Coordination Group. (2021). In-situ resource utilization gap assessment report. https://www.globalspaceexploration.org/wordpress/wp-content/uploads/2021/04/ISECG-ISRU-Technology-Gap-Assessment-Report-Apr-2021.pdf.

Ishimatsu, T., de Weck, O. L., Hoffman, J. A., Ohkami, Y., & Shishko, R. (2016). Generalized multicommodity network flow model for the earth-moon-Mars logistics system. Journal of Spacecraft and Rockets, 53 (1), 25-38. https://doi.org/10.2514/1.a33235.

Johnson, K. (2022). Fly me to the moon worldwide Cislunar and lunar missions. A Center for strategic and international studies. https://csis-website-prod.s3.amazonaws.com/s3fs-public/publication/220215_Johnson_FlyMe_Moon.pdf? eBOSyAKB1ite5cort60IluuBQWvYyADa.

Kaplan, S. (2020, July 13). Eyes on the prize. The Strategic Implications of Cislunar Space and the Moon. Aerospace Security. A Project of the Center for Strategic and International Studies. https://aerospace.csis.org/strategicinterest - in - cislunar - space - and - the - moon/.

Kleinhenz, J. , & Sanders, G. (2021, April 19) . Lunar in - situ resource utilization concept to reality. Pre - conference short course: Engineering and construction on the moon. ASCE Earth and Space Conference (Virtual).

Kuhn, L. , Schingler, J. K. , & Hubbard, K. M. (2022) . Res Lunae: Characterizing diverse lunar resource systems using the social - ecological system framework. New Space, 10 (2), 155 - 165. https: //www. liebertpub. com/doi/full/10. 1089/space. 2021. 0054.

Kurbel, K. E. (2013) . SCM: Supply chain management. InEnterprise resource planning and supply chain management. Progress in IS (pp. 221 - 247). Springer. https: //doi - org. ezproxy. utp. edu. co/10. 1007/978 - 3 - 642 - 31573 - 2 _ 8.

Kutter, B. F. , & Sowers, G. F. (2016, September 13 - 16) . Cislunar - 1000: Transportation supporting a self - sustaining space economy. AIAA SPACE 2016 Long Beach, California. https: //doi. org/10. 2514/6. 2016 - 5491.

Lee, G. , de Weck, O. , Armar, N. , Jordan, E. , Shishko, R. , Siddiqi, A. , & Whiting, J. (2018, September 9 - 11) . SpaceNet: Modeling and simulating space logistics. AIAA SPACE 2008 Conference & Exposition San Diego, California. https: //arc. aiaa. org/doi/10. 2514/6. 2008 - 7747.

Linne, D. L. , Sanders, G. B. , Starr, S. O. , Eisenman, D. J. , Suzuki, N. H. , Anderson, M. S. , & Araghi, K. R. (2017, September 25 - 29) . Overview of NASA technology development for insitu resource utilization (ISRU) . 68th International Astronautical Congress (IAC), Adelaide, Australia. https: //ntrs. nasa. gov/citations/20180000407.

Lizy - Destrez, S. , Guardabasso, P. , Beauregard, L. , & Blazquez, E. (2021, June 14) . Towards the moon and beyond: preparing for the future of cislunar and solar system exploration. GLEX - 2021, 14 June 2021 - 18 June

2021. Saint Petersburg, Russian Federation.

Lourenço, H. R. , & Ravetti, M. G. (2018) . Supply chain management. In R. Martí, P. Pardalos, & M. Resende (Eds.), Handbook of heuristics (pp. 1241 - 1258) . Springer. https: //doi - org. ezproxy. utp. edu. co/10. 1007/978 - 3 - 319 - 07124 - 4 _ 54.

McConnell, B. , & Tolley, A. (2016) . Ceres and in situ resource utilization. InA Design for a Reusable Water - Based Spacecraft Known as the Spacecoach (SpringerBriefs in Space Development) (pp. 77 - 82) . Springer. https: //doi - org. ezproxy. utp. edu. co/10. 1007/978 - 3 - 319 - 22677 - 4 _ 12.

Merrill, R. , Goodliff, K. , Mazanekt, D. , & Reeves, J. (2012, May 22). Cis - lunar base camp. Global space exploration conference (Washington, DC) . https: //ntrs. nasa. gov/citations/20120009357.

Metzger, P. (2016) . Space development and space science together, an historic opportunity. Space Policy, 37 (Part 2), 77 - 91. https: //doi. org/ 10. 1016/j. spacepol. 2016. 08. 004.

National Space Society. (2018a) . NSS Roadmap to Space Settlement (3rd Edition 2018) Part One: General Milestones. NSS. https: //space. nss. org/nss - roadmap - to - space - settlement - 3rd - edition - 2018 - part - 1/.

National Space Society. (2018b) . NSS roadmap to Space Settlement (3rd Edition 2018) Part two: Utilization and Development of Cislunar Space. NSS. https: //space. nss. org/ nss - roadmap - to - space - settlement - 3rd - edition - 2018 - part - 2/.

Nel, D. , & Badenhorst - Weiss, J. (2010) . Supply chain design: Some critical questions. Journal of Transport and Supply Chain Management, 4. https: //doi. org/10. 4102/jtscm. v4i1. 68.

Orlova, A. , Nogueira, R. , & Chimenti, P. (2020) . The present and future of the space sector: A business ecosystem approach. Space Policy, 52,

101374. https：//doi. org/10. 1016/j. spacepol. 2020. 101374.

Paladini，S.，Saha，K.，& Pierron，X.（2021）. Sustainable space for a sustainable earth? Circular economy insights from the space sector. Journal of Environmental Management，289，112511. https：//doi. org/10. 1016/j. jenvman. 2021. 112511.

PWC.（2019）. Main trends and challenges in the space sector. [PowerPoint slides]. https：//www. pwc. fr/fr/assets/files/pdf/2019/06/fr - pwc - main - trends - and - challenges - in - the - space - sector. pdf.

Rapp，D.（2018）. Lunar ISRU. InUse of extraterrestrial resources for human space missions to moon or Mars（pp. 187 - 196）. Springer Praxis Books/Springer. https：//doi - org. ezproxy. utp. edu. co/10. 1007/978 - 3 - 319 - 72694 - 6 _ 2.

Sacksteder，K.，& Sanders，G.（2007，January 8 - 11）. In - situ resource utilization for lunar and mars exploration. 45th AIAA Aerospace Sciences Meeting and Exhibit，08 - 11 January 2007 Reno，Nevada.

Sanders，G. B.，& Larson，W. E.（2012）. Progress made in lunar in - situ resource utilization under NASA's exploration technology and development program. Earth and Space（JSC - CN - 26038）.

Sindi，S.，& Roe，M.（2017）. The evolution of supply chains and logistics. In Strategic supply chain management（pp. 7 - 25）. Palgrave Macmillan. https：//doi - org. ezproxy. utp. edu. co/10. 1007/978 - 3 - 319 - 54843 - 2 _ 2.

Snead，M.（2006）. A space logistics infrastructure for the near term. Aerospace America，44，39 - 42. https：//www. researchgate. net/publication/298538842 _ A _ space _ logistics _ infrastruc - ture _ for _ the _ near _ term.

Spudis，P.（2011a）. Lunar resources：Unlocking the Space Frontier. Ad

Astra, 23 (2, Summer), 30 - 34. https: //space. nss. org/lunar - resources - unlocking - the - space - frontier/.

Spudis, P. (2011b) . The moon: Port of entry to Cislunar Space Paul. In C. D. Lutes & P. L. Hays (Eds.), Toward a theory of Spacepower (pp. 241 - 251) . Institute For National Strategic Studies, National Defense University Press. https: //www. spudislunarresources. com/ Papers/12SpudisNDU. pdf.

Spudis, P. , & Lavoi, T. (2011) . Using the resources of the moon to create a permanent Cislunar Space Faring System. In Annual Meeting of the Lunar Exploration Analysis Group, p. 80. LPI Contribution No. 1646, Lunar and Planetary Institute, Houston. https: //www. lpi. usra. edu/lpi/ contribution_docs/LPI - 1646. pdf.

Stadtler, H. (2005) . Supply chain management and advanced planning -- Basics, overview and challenges. European Journal of Operational Research, 163 (3), 575 - 588. https: //doi. org/10. 1016/j. ejor. 2004. 03. 001.

Taylor, L. A. (1992, September 1) Resources for a lunar base: Rocks, minerals, and soil of the moon. NASA. Johnson Space Center, The Second Conference on Lunar Bases and Space Activities of the 21st Century, Volume 2.

Vedda, J. (2018) . Cislunar development: What to build—And why. The Aerospace Corporation. Center for Space Policy and Strategy, 1 - 10. https: //csps. aerospace. org/papers/ cislunar - development - what - build - and - why.

Vedda, J. , & Hays, P. (2018) . Major policy issues in evolving global space operations. The Mitchell Institute for Aerospace Studies. Air Force Association.

Wooten, J. , & Tang , C. (2018) Operations in space: Exploring a new industry. Decision Sciences, 49, 999 - 1023. https: //doi. org/10. 2139/ssrn. 3107707.

Yazıcı, A. , & Darıcı, S. (2019) . The new opportunities in space Economy. Insan ve Toplum Bilimleri Araştırmaları Dergisi, 8 (4), 3252 - 3271. Retrieved from http: //www. itobiad. com/tr/ issue/49747/615134.

Zhao, L., & Chen, S. (2020). Lunar permanently shaded areas. In B. Cudnik (Ed.), Encyclopedia of lunar science (pp. 1 - 4). Springer. https://doi-org.ezproxy.utp.edu.co/10.1007/978-3-319-05546-6_53-1.

第 7 章　商业太空运营中的企业社会责任/环境、社会和治理及《阿尔忒弥斯协定》

Francesco de Zwart、Stacey Henderson 和 John Culton

摘　要　随着太空活动越来越多地由商业太空行为体主导，本章探讨了是否有必要在太空中履行企业社会责任，以及这对大型商业太空行为体可能意味着什么。本章以《阿尔忒弥斯协定》为研究重点，认为企业社会责任/环境、社会和治理领域、活动、原则和信息披露可能会被忽视，从而对企业行为体的企业股东目的产生意想不到的后果。

7.1　引言

7.1.1　现有的和基于太空的企业社会责任/环境、社会和治理原则与公司股东目的

太空领域的商业化程度越来越高。《阿尔忒弥斯协定》由美国国家

F. de Zwart (✉)
澳大利亚南澳阿德莱德市阿德莱德大学阿德莱德法学院。电子邮箱：francesco. dezwart@adelaide. edu. au
S. Henderson
澳大利亚南澳阿德莱德市弗林德斯大学商业、政府与法律学院
J. Culton
澳大利亚南澳阿德莱德市阿德莱德大学安迪·托马斯太空资源中心

M. de Zwart et al.（eds.），Human Uses of Outer Space，Issues in Space，https：//doi. org/10. 1007/978 - 981 - 19 - 9462 - 3 _ 7

航空航天局于2020年10月宣布，八个创始成员国于2020年10月14日签署了该协定。[①]

《阿尔忒弥斯协定》是美国国家航空航天局与签署国之间的一系列双边协议，正如该协议序言中所说，这些协议旨在“执行《外层空间条约》和其他相关国际文书的规定，从而就未来探索和利用外层空间的互利做法达成政治谅解”。《阿尔忒弥斯协定》为“机构对机构”和“机构对私人运营商”的商业运营指明了方向，预示着未来商业行为体将更多地参与太空活动；同时，在国际太空法的背景下对这些内容进行了讨论（de Zwart，2021）。例如《阿尔忒弥斯协定》第1条所述，其目的如下。

通过一套切实可行的原则、指导方针和最佳做法，建立一个共同的愿景，以加强对外层空间的民用探索和利用的管理，从而推进阿尔忒弥斯计划。在开展外层空间活动时，遵守一套切实可行的原则、指导方针和最佳做法，是为了提高活动的安全性，减少不确定性，并促进可持续和有益地利用太空，造福全人类。

本章的目的是对《阿尔忒弥斯协定》进行审查，从公司目的和意义层面上，探讨哪些条款适用于企业社会责任/环境、社会和治理（Corporate Social Responsibility/Environment Social Governance，CSR/ESG）领域，包括地球或太空相关的活动、原则和信息披露。换句话说，《阿尔忒弥斯协定》中存在哪些条款、机制或原则为企业社会责任/环境、社会和治理领域、活动、做法和信息披露的运作留出了制度空间或提出了要求？相反，哪些章节、机制或原则不允许涉及这些

---

① 创始成员来自澳大利亚、加拿大、意大利、日本、卢森堡、阿拉伯联合酋长国、英国和美国。截至2022年5月13日，乌克兰、韩国、新西兰、巴西、波兰、墨西哥、以色列、罗马尼亚和巴林王国也签署了《阿尔忒弥斯协定》。

企业社会责任/环境、社会和治理成果，或至少对其进行了限制或达到相反的结果?《阿尔忒弥斯协定》的实施或运作将如何影响公司行为体的公司股东目的——无论是为《阿尔忒弥斯协定》下的政府和机构行事，还是代表其自身行事?

本章阐述了与《阿尔忒弥斯协定》有关的四个主题及因素。第一，《阿尔忒弥斯协定》将引入更多基于太空的企业社会责任/环境、社会和治理的定义、领域、活动、原则和信息披露。第二，《阿尔忒弥斯协定》许多条款的宗旨与企业社会责任/环境、社会和治理的宗旨和目标相吻合。第三，需要对《阿尔忒弥斯协定》进行解释，以确定基于太空的企业社会责任/环境、社会和治理的定义、领域、活动、原则和信息披露的地位、性质和范围。换言之，在起草《阿尔忒弥斯协定》时，哪些条款表面上承认企业社会责任/环境、社会和治理的定义、领域、活动、原则和信息披露，哪些章节（或部分章节）完全或在一定程度上排除或限制了企业社会责任/环境、社会和治理?第四，这些基于太空的企业社会责任/环境、社会和治理的定义、领域、活动、原则及信息披露对与签署国政府或签署国机构签订合同履行协定义务的企业行为体有何影响?或是对那些不代表这些政府和机构，而仅代表自己在民用商业外层空间环境中行事的个人有何影响?换句话说，将《阿尔忒弥斯协定》条款建议或加强（或限制）的企业社会责任/环境、社会和治理的定义、领域、活动、原则及信息披露叠加在一起，会对公司目的（在澳大利亚法律中一般是股东的最佳利益）产生什么影响?

7.1.2 “股东至上原则”与“利益相关者模式”的区别

7.1.2.1 “合同集束”、代理理论、股东财富最大化原则

股东至上原则，即公司管理层应以股东的最佳利益为出发点，实际上其由若干原则或组成部分组成。

在公司法中，目前仍很流行的“合同集束”理论规定，公司是与公司存在和运营有关的各方（如雇员、债权人、股东、董事和管理层）之间合同的集合、交叉或“集束”（Bainbridge，1993）。

“代理理论”是一个独立的组成部分，其规定在行使酌处权或权力时，董事和管理层是集束理论中所述的股东的“代理人”。在 Jensen 和 Meckling 看来，代理人的行为应符合委托人（这里指股东）的利益，但他们的自身利益却导致了推卸责任、把持权利、要求增加报酬和要求更多（不透明）津贴等行为（Jensen 和 Meckling，2000；Charreaux，2004；Licht，2003；Licht，2004）。

Jensen 和 Meckling，以及 Charreaux 和 Licht 分别对其进行了解释，公司治理的“股东至上”模式指的是，在偿还公司所有债务后，股东是公司资产和现金流的唯一“剩余索取权人”，此时股东和公司管理者的利益将根据股东财富最大化原则保持一致。（Jensen 和 Meckling，2000；de Zwart，2015）。据说这一原则源于美国公司法在道奇诉福特汽车公司案（Dodge v Ford Motor Co）中的裁决（Stout，2007）。在 Rhee 看来，这一原则将合同契约和代理理论联系起来，成为行为的“默认标准”（Rhee，2008）。

在澳大利亚公司法中，《2001 年公司法》（澳大利亚联邦）的规定（以及普通法和衡平法中的同等责任）强化了这一点，该法第 181（1）款规定了以公司的最佳利益行事的责任和为适当目的行事的责任。关

于第181（1）款，澳大利亚公司法一般认为，根据澳大利亚高等法院对Walker诉Wimborne一案所做判决，公司的最佳利益（破产或濒临破产的情况除外）是其股东的利益。

7.1.2.2　利益相关者"企业治理模式""企业社会责任""环境、社会和治理""三重底线"报告制度

澳大利亚公司和市场咨询委员会解释说，早在2006年，人们就对公司的社会责任产生了"当下的关注"，这与SpaceX和蓝色起源等私营太空运营商如今的蓬勃发展产生了共鸣：

与公司的社会责任有关的问题受到了广泛关注，包括社区团体和其他方面呼吁公司更加关注其活动对环境、社会和经济的影响，并更全面地报告其在这方面的表现。

当下的关注在一定程度上反映了公司作为生产性企业的工具所取得的成功，以及公司商业活动的能见度。可以理解的是，特定公司在其商业事务中表现出的责任感是公众关心的问题（Corporations and Markets Advisory Committee，澳大利亚公司和市场咨询委员会，2006）。

澳大利亚公司和市场咨询委员会告诉我们，企业社会责任并没有确切的含义：

"企业社会责任"一词没有准确或固定的含义。有些关于企业社会责任的说明侧重于公司遵守规范公司行为的适用法律的精神和文字。也有其他定义将"企业社会责任"解释为一种商业方法，企业通过这种方法考虑其活动对利益群体（通常称为利益相关者）的影响，包括但不限于股东，并平衡长期社会影响与短期经济收益之间的关系。这

些社会影响超越了公司提供的产品和服务及其对股东的回报，通常细分为环境、社会和经济影响（Corporations and Markets Advisory Committee，澳大利亚公司和市场咨询委员会，2006）。

企业社会责任在很大程度上源于利益相关者的公司治理模式。利益相关者模式与股东至上模式相反（或者更准确地说，由于其包括股东和其他人，因此超越了股东至上模式）。事实上，Licht 并不同意股东是公司剩余索取权人的说法（Licht，2003）。在 Jensen 看来，“管理者在做出决策时应考虑到公司所有利益相关者的利益”（Jensen，2002）。Maher 和 Andersson 解释了股东模式所代表的广泛利益：

其他利益相关者可能包括合同伙伴（如雇员、供应商、客户、债权人）和社会成员（如公司所在社区的成员、环境利益、地方和国家政府及整个社会）（Maher 和 Andersson，2000；Corporations and Markets Advisory Committee，澳大利亚公司和市场咨询委员会，2006）。

7.1.2.3 “环境、社会和治理”源自企业社会责任和“三重底线”报告制度

ESG 是“环境、社会和治理”的英文缩写（Diligent，没有提供日期），由企业社会责任和“三重底线”报告演变而来（Elkington，2018；Kleeman 和 de Zwart，2022）。Diligent 公司采用了涉及环境、社会和治理的多个领域、活动、原则和信息披露方式。

1）环境：保护我们的自然世界。

①气候变化。

②减少碳排放。

③水污染和水资源短缺。

④大气污染。

⑤森林砍伐。

2）社会：对人类及我们相互依存关系的思考。

①客户满意。

②数据卫生与安全。

③性别和多样性包容。

④社区关系。

⑤心理健康。

3）治理：企业或组织运行的组织工作和确定流程。

①董事会及其人员构成。

②高管薪酬准则。

③政治捐款和游说。

④风险投资合伙人报酬。

⑤招聘和入职的最佳做法（Diligent，没有提供日期）。

Diligent 解释了“环境、社会和治理导向”投资的巨大吸引力。环境、社会和治理活动提高了财务业绩（营业利润）和股价（且波动较小），吸引了投资者的关注，从而增加了无形声誉资产的价值，进而增加了资产总值：

对投资者而言，环境、社会和治理因素越来越受到重视，这是有道理的。事实证明，环境、社会和治理表现与财务绩效密切相关。2014 年初至 2018 年 6 月底期间，标准普尔 500 指数中环境、社会和治理因素排名前 1/5 的公司的业绩比排名后 1/5 的公司高出 25 个百分点以上。

环境、社会和治理排名靠前的公司股价波动也往往较小，而“环境、社会和治理争议度高”的事件则可能导致公司股票跑输市场长达两年之久。

环境、社会和治理得分和排名越来越多地在公共领域公布，投资于注重环境、社会和治理的组织的重要性也与日俱增。吸引投资者关注的不仅仅是已公布的环境、社会和治理指标，积极应对环境、社会和治理问题的声誉价值也得到了公众认可。如今，声誉等无形资产占组织标准普尔资产价值的80%以上。因此，以环境、社会和治理为导向的投资在近几年经历了飞速的增长也就不足为奇了（Diligent，没有提供日期）。

前文所确定的许多环境、社会和治理活动也出现在太空活动中。以环境、社会和治理为导向的投资——无论是在地球上还是在商业太空运营中的一个风险就是“漂绿”：

但是，报告的增加本身并不能转化为有意义的管理。“漂绿”现象是存在的，即利用可持续发展承诺作为营销手段，以营造一种行事对环境负责的表象，而不是真正有意义的业务变革或实践。（Christensen，2022）。

7.1.2.4 《阿尔忒弥斯协定》规定了针对太空的企业社会责任/环境、社会和治理的领域、活动、原则及信息披露内容

当然，企业社会责任/环境、社会和治理还有其他定义、领域、活动、原则及信息披露内容，但Diligent公司所采用的领域、活动、原则及信息披露内容凸显了其广泛性。虽然这些领域显然不是太空特有的，但其中许多领域也是在太空活动中出现的。

Christensen举例说明了太空活动中对环境、社会和治理的“自愿承诺”，其中包括美国太空安全联盟（Space Safety Coalition，SSC）、

卫星工业协会（Satellite Industry Association，SIA）、交会和服务操作执行联盟（Consortium for Execution of Rendezvous and Servicing Operations，CONFERS）、SpaceX 和 OneWeb 等机构发布的倡议（Christensen，2022）。根据他的概述，业务或财务业绩不一致，缺乏可衡量性：

行业行为体对太空可持续性的自愿承诺虽然值得称赞，但各个运营商和集团的承诺并不一致，而且在许多情况下与业务和财务业绩没有明确或可衡量的联系（Christensen，2022）。

同样与太空有关的——也是当前备受关注的——是由八个创始成员国于 2020 年 10 月 13 日签署的《阿尔忒弥斯协定》。截至本报告撰写之时，该协定的成员国数量已经达到了 21 个。目前，签署《阿尔忒弥斯协定》的国家数量比《月球协定》的缔约国数量还多。

综观《阿尔忒弥斯协定》，为本章之目的，引入或促进了以下基于太空的企业社会责任/环境、社会和治理的定义、领域、活动、原则及信息披露内容：

1）围绕太空条约不断旋转和演变的主题：人类利益、国际和商业可持续人类探索、协调与合作、太空探索和商业的利益、保护外层空间遗产的集体利益。

2）“民间太空机构”与国内企业太空行为体之间的关系。

3）宇航员的救援和返回。

4）“和平目的”。

5）科学数据的透明度和发布。

6）向公众和科学界通报太空资源开采情况。

7）互操作性。

8）太空物体登记。

9）保护外层空间遗产。

10）根据《外层空间条约》第 2 条，太空资源的使用不属于国家侵占。

11）消除太空活动的冲突——“适当考虑”“有害干扰”“安全区”的规定。

“适当考虑”“有害污染”“潜在有害干扰”；保护公共和私人人员、设备和操作；根据《外层空间条约》自由进入天体的一切区域的原则。

12）减少轨道碎片：规划减少轨道碎片和限制产生“新的、寿命长的有害碎片”、轨道碎片的来源，以及安全区与轨道碎片之间的关系。

我们将逐一研究这些基于太空的企业社会责任/环境、社会和治理的定义、领域、活动、原则及信息披露。

7.2 《阿尔忒弥斯协定》的目的

7.2.1 围绕太空条约不断旋转和演变的主题

- 人类利益。
- 国际和商业可持续人类探索。
- 协调与合作。
- 太空探索和商业的利益。
- 保护外层空间遗产的集体利益。

《阿尔忒弥斯协定》的序言部分立即提出了一些原则，表明了一些不断变化和发展的主题之间的并列关系，有时甚至是紧张关系。第一，像《阿尔忒弥斯协定》所确定的阿波罗计划一样，确定为造福全人类的目的；第二，“与国际和商业伙伴一道，实现人类对太阳系的可持续探索”的目的；第三，“有必要加强已有的和新出现的太空行为体之间的协调与合作”的目的；第四，“承认太空探索和商业的全球利益”的目的；第五，“保护外层空间遗产的集体利益”。

正如7.1节所述，如果与我们对基于地球的企业社会责任/环境、社会和治理的定义、领域、活动、原则及披露的审查相比，其中许多主题本身就代表了商业或社会目标。

7.1节中的这些商业或社会主题是在以下现有太空条约的背景下运作的——并确认了这些条约：《外层空间条约》《救援和返回协议》《责任公约》《登记公约》。

《月球协定》[①] 的签署国很少，但澳大利亚是其中之一。《月球协定》并不在《阿尔忒弥斯协定》确认的条约清单中。事实上，美国已明确表示不认为《月球协定》反映了国际习惯法。

7.2.2 “民间太空机构”与国内企业太空行为体之间的关系使企业社会责任/环境、社会和治理领域、活动、原则及信息披露得以运行

《阿尔忒弥斯协定》设想了一些机制，以便SpaceX和蓝色起源等知名企业行为体能够代表协定签署国开展活动。

在这方面，《阿尔忒弥斯协定》适用于第1条规定的“各签署国的民用太空机构所开展的民用太空活动”。紧接着，《阿尔忒弥斯协定》甚至在目的和范围条款中也有所规定，签署国必须“通过自己的活动，

---

① 联合国外层空间事务办公室（The UN Office for Outer Space Affairs，UNOOSA）指出：1972—1979年，法律小组委员会审议并制定了《月球协定》。大会于1979年在第34/68号决议中通过了该协定。但直到1984年6月，第五个国家奥地利才批准该协定，使该协定得以于1984年7月生效。

酌情采取措施，如任务规划和与代表自己行事的实体的合同机制，依照本《协定》规定的原则行事”。下文介绍实施条款。

7.2.2.1 《阿尔忒弥斯协定》和企业社会责任/环境、社会和治理的“实施”条款

“实施”条款，即第2条第1款，设想了一些政府对政府、机构对机构的文书的运作。澳大利亚是《阿尔忒弥斯协定》的签署国，由澳大利亚航天局局长代表澳大利亚签署了该协定。对于企业社会责任/环境、社会和治理而言，重要的是，实施部分考虑到了非政府和非机构实体的活动和存在：

(d) 各签署国承诺采取适当措施，确保代表其行事的实体遵守这些协定的原则。

有一种观点完全排除企业社会责任/环境、社会和治理的运作，该观点认为，如果企业行为体不是为签署机构行事，则无需遵守《阿尔忒弥斯协定》中的原则。

从一般意义上对企业社会责任/环境、社会和治理的“有利观点”来看，如果《阿尔忒弥斯协定》的条款没有另行排除或限制，则对这些实体是承认的，允许企业社会责任/环境、社会和治理的定义、领域、活动、原则及信息披露在营利性企业的情况下实施。事实上，即使同样的企业社会责任/环境、社会和治理的定义、领域、活动、原则及信息披露内容不适用于相关签署国政府或一般下属机构，情况也是如此。换句话说，虽然类似企业社会责任/环境、社会和治理的定义、领域、活动、原则及信息披露的运作从表面上看是强加给签署机构的，但其来源不是企业法（及其附带的企业社会责任/环境、社会和治理原则），而是《阿尔忒弥斯协定》及7.2.1节提及的条约、协定、公约及准则。

第 2 条第 1 款（d）项中——该条款的措辞似乎将“适当措施”限制为“遵守这些协定的原则”的措施。这样一来，对相关企业行为体的企业社会责任/环境、社会和治理的定义、领域、活动、原则及信息披露的运作范围就会小得多。但是，即使按照这种受限的观点，过去通常由签署机构开展的某些任务或活动——但现在可以想象是由企业行为体按照该机构的要求开展的，或者是在该机构与企业行为者之间的关系中产生的（无论是合同关系还是其他关系，如侵权法[①]）——但现在，由企业行为体开展时，可能属于企业社会责任/环境、社会和治理的定义、领域、活动、原则及信息披露范围。

7.2.2.2　宇航员的救援和返回案例——“实施”条款、公司法中“越权”原则的废除以及合同法中的“受挫”原则

关于第 2 条中的“实施”条款与签字机构及其法人之间的合同协议之间的相互作用，可以通过举例来说明。在企业行为体（非缔约方实体）的活动期间，营救和送回一名宇航员很可能属于这一概念的范围，尽管该机构已通过合同约束企业行为体遵守《外层空间条约》和《救援和返回协议》。事实上，《阿尔忒弥斯协定》中关于“紧急援助”的第 6 条就明确考虑到了这种救援和返回的情况：

> 各签署国承诺尽一切合理努力，向遇险的外层空间人员提供必要援助，并承认《救援和返回协议》规定的义务。

从概念上讲，企业行为体可以通过合同要求自己在企业社会责任/环境、社会和治理的定义、领域、活动、原则及信息披露方面承担义务，这些义务在概念上或最终在实践中都可能不会给企业（股东）带来好处，但却能使更广泛的利益相关者受益（特别是受困人员及其发

---

① 在此，姑且不论《责任公约》的实施情况如何。

起机构)。

这种活动在公司法意义上具有法律效力，因为至少在澳大利亚，越权理论（普通法概念，即超出公司章程条款或限制的行为或合同无效）已根据《2001年公司法》（澳大利亚联邦）第124和125条被废除（Lipton等，2018）。

因此，企业行为体不能以行为或合同的“非法性”或“越权”为由，提出不可抗力或合同“受挫”的理由，中止或取消签约机构与企业行为体之间的合同义务。在这方面，认为救援和返回宇航员——作为对机构负责而承担的合同义务——可能是与履行主要任务义务有关的令人沮丧的行为。这在概念上是有问题的，因为合同本身就考虑了救援和返回义务的履行。

但是，尽管有企业社会责任/环境、社会和治理的理由或合同义务的约束，企业董事会不会违反其对企业应尽的责任？这一点尚不明确。

7.2.2.3 宇航员的救援和返回——《2001年公司法》（澳大利亚联邦）规定的董事责任、企业社会责任/环境、社会和治理方法及“商业判断规则”

《2001年公司法》（澳大利亚联邦）中的两项董事职责规定（以及普通法和衡平法中的同等职责）与企业行为体救援和送返宇航员的例子直接相关：首先是第181（1）款规定的“以企业的最佳利益和正当目的行事的职责”，其次是第180（1）款规定的“以一个正常人的谨慎和勤勉程度行使权力和履行职责的职责”。

（1）《2001年公司法》（澳大利亚联邦）第181（1）、180（1）和180（2）条的规定

关于第181（1）款，澳大利亚公司法一般认为，根据澳大利亚高等法院对Walker诉Wimborne一案所做判决，公司的最佳利益（破产

或濒临破产的情况除外）是其股东的利益。因此，企业社会责任/环境、社会和治理的定义、领域、活动、原则或信息披露，或强制要求实现任何此类结果的合同义务，如果不符合股东的最佳利益，则都有可能使董事面临违约索赔。如果根据第181（1）条，合同本身（所包含的合同义务）不符合公司的最佳利益，那么企业社会责任/环境、社会和治理的类似义务以合同形式强加给公司并不能保护董事。

《2001年公司法》（澳大利亚联邦）第180（1）条规定的谨慎和勤勉义务如何？在这种情况下，是否会出现违规行为？“商业判断规则”是否适用？

未经修订的《2001年公司法》（澳大利亚联邦）第180（2）款规定了“商业判断规则”抗辩。根据第180（1）款、普通法和衡平法的规定，董事可就违反谨慎和勤勉义务的诉讼提出抗辩。[①]

（2）澳大利亚公司和市场咨询委员会关于公司利益和“修正的”商业判断规则抗辩的观点

董事们能否将企业社会责任/环境、社会和治理原则置于股东的最佳利益之上？

在这方面，澳大利亚公司和市场咨询委员会的《社会责任报告》（Corporations and Markets Advisory Committee，澳大利亚公司和市场咨询委员会，2006）确定了履行企业社会责任的若干方法，包括“直

① 《2001年公司法》（澳大利亚联邦）第180（2）条中的“商业判断规则”规定：

（2）做出商业判断的公司董事或其他高级职员，如果符合以下条件，则被视为符合第（1）款的要求，以及他们在普通法和衡平法中就该判断所承担的同等责任：

（a）出于适当的目的，真诚地做出判断；

（b）在判决事项中不涉及重大个人利益；

（c）在其合理认为适当的范围内，对该判决的标的物有着一定的了解；

（d）理性地认为该判决符合公司的最佳利益。

董事或高管认为该判断符合公司的最佳利益是一种理性的判断，除非这种判断是任何正常人在其职位上都不会持有的判断。

接或间接与公司利益（包括避免损害）相关的方法”（“合规”“慈善”“商业”途径），以及那些“不一定与公司利益相关”的方法（“社会优先”“社会义务”方法）（Corporations and Markets Advisory Committee，澳大利亚公司和市场咨询委员会，2006）。

正如 Diligent 公司在 7.1 节中所指出的那样，澳大利亚公司和市场咨询委员会以公司的长期价值为基础，证明了“商业方法”的合理性（Corporations and Markets Advisory Committee，澳大利亚公司和市场咨询委员会，2006）。[①]

因此，需要强调的一点是，澳大利亚公司和市场咨询委员会所研究的企业社会责任/环境、社会和治理方法中，有三种方法与企业利益（股东的整体最佳利益）相关联，而有两种方法则不相关联。

澳大利亚公司和市场咨询委员会随后转而考虑是否应对《2001 年公司法》（澳大利亚联邦）进行修订，将企业社会责任/环境、社会和治理原则和考虑因素纳入其中；同时，认为无需对第 181（1）条（最佳利益）或第 180（2）条（商业判断规则辩护）进行修订，因为这些条款“足够宽泛，使企业决策者能够考虑其决策对环境和其他社会的影响……”（Corporations and Markets Advisory Committee，澳大利亚公司和市场咨询委员会，2006）。

但这一观点很难与澳大利亚公司和市场咨询委员会的意见相一致，即实现企业社会责任/环境、社会和治理的两种方法——“社会优先”和“社会义务”——与企业效益没有必然联系。从表面上看，这两种方法如果不能实现公司股东的利益，就会产生违反这些条款的风险。

Bainbridge 公司同意澳大利亚公司和市场咨询委员会的观点，即无须或几乎无须修订公司法，规定如果股东“财富”减少，则适用商

---

① 参见 7.1.2.3 节的讨论。

业判断规则的抗辩理由（Bainbridge，1993）。

（3）第181（1）条“公司的最佳利益”和第180（2）条“商业判断规则”抗辩的对立论点

与Bainbridge相反的论点是，商业判断规则的其中一段，即第180（2）（d）段，规定董事“（d）合理地认为该判断符合公司的最佳利益”。该款还规定，“董事或高管认为该判断符合公司的最佳利益是一种理性的判断，除非这种判断是任何正常人在其职位上都不会持有的判断”。

同样，澳大利亚高等法院在Walker诉Wimborne一案的判决中认为，第181（1）条中的公司最佳利益是其股东的利益。因此，类似于企业社会责任/环境、社会和治理的定义、领域、活动、原则或信息披露，或是强制这样做的合同义务，如果不符合股东的最佳利益，就很可能违反第181（1）条，并使第180（2）条中的商业判断规则失效。

当然，根据7.1节的论点，可以认为企业社会责任/环境、社会和治理的定义、领域、活动、原则或信息披露或相关合同义务符合利益相关者的利益，也符合股东的利益，从而符合企业的最佳利益。这并不需要改变高等法院在Walker诉Wimborne案中的意见。如上所述，澳大利亚公司和市场咨询委员会认为不需要对《2001年公司法》（澳大利亚联邦）进行任何此类修订。

更复杂的是第180（2）款商业判断规则的注释，其中规定：

本条仅适用于本节规定的义务以及普通法或衡平法规定的同等义务（包括根据普通法关于过失责任的原则产生的谨慎义务），而不适用于本法案任何其他条款或任何其他法律规定的义务。

这对上述条款解释的确切影响尚不清楚。“本法案任何其他条款”的意思似乎是商业判断规则不能被用作违反本法另一条款的辩护理由，对应本案的第 181（1）条，即以公司的最佳利益和正当目的行事的义务；另一层意思则在于“任何其他法律规定”的提法，这很可能意味着，董事不能利用商业判断规则作为对《阿尔忒弥斯协定》（及其相关条约、协议、公约和准则）或国际法规定的责任或义务的抗辩。

但是否允许相反的情况呢?《阿尔忒弥斯协定》或国际法规定的责任或义务是否可以作为商业判断规则辩护论据的基础？对于违反第 180（2）条而不违反第 181（1）条的行为，答案可能是肯定的。

如果履行义务只是变得更加困难或昂贵，合同就不会“受挫”。

在宇航员的救援和返回情况下，董事的职责非常复杂。这在合同“受挫”问题中也是如此。在这两种情况下，如果救援和返回宇航员的费用极其高昂，导致相关太空任务的主要目标或目的因此而被放弃或失败，那该怎么办？更不用说其中所涉及的技术难题了。这是否意味着，从一开始，该公司的太空飞行器或物体必须携带足够的燃料、其他资源以及专有技术和机械能力，以确保既能履行主要飞行任务义务，又能履行任何救援和返回义务（如果出现该等需求）？换言之，如果无法履行主要任务义务怎么办？

但是，即使是这种预防措施——虽然可以说是一个正常人会采取的措施——也可能不足以应对可能发生的情况。如果回收和返回非常复杂，导致太空飞行器重新进入大气层并取消主要任务义务，该如何应对？我们应该记得，合同不会仅仅因为履行义务变得更加困难（尽管并非不可能）或更加昂贵而受挫（在 Codelfa Construction Pty Ltd 诉新南威尔士州铁路局和 Davis Contractors Ltd. 诉 Fareham Urban District Council 一案中得到确认），但如果公司已责成自己必须履行《救援和返回协议》中的义务，则可能会造成合同受挫。

7.2.3 以“和平目的”辅助解释

《阿尔忒弥斯协定》第 3 条中的“和平目的”条款反映了《外层空间条约》的基本原则之一。如果得到《阿尔忒弥斯协定》的另行许可，该条约会为企业社会责任/环境、社会和治理的定义、领域、活动、原则及信息披露的运作提供有利的或涵盖性的规定：

签署国申明，根据这些协定开展的合作活动应完全出于和平目的，并符合相关的国际法。

与利用月球、火星、彗星及小行星有关的企业社会责任/环境、社会和治理的任何定义、领域、活动、原则及信息披露都应是和平并符合国际法的，这一点没有问题。事实上，撇开仅用于“军事”或“和平-军事”双重目的的活动的特征不谈，无论其维持和平目的或国际法的合法性如何，我们很难假设一项适当构成的非和平或非法“环境”“社会”或“治理”活动［Additional Protocol Ⅰ，附加议定书（第一议定书），1977］。

7.3 科学数据的透明度和发布

7.3.1 第 4 条 透明度与企业社会责任/环境、社会和治理信息披露

“透明度”条款载于《阿尔忒弥斯协定》的第 4 条。该条款对签署国的要求如下，且这些签署国可对非政府和非机构实体提出这些要求：

1）签署国承诺在根据所在国规则和条例广泛传播有关本国太空政策和太空探索计划的信息方面保持透明度。

2）签署国计划根据《外层空间条约》第Ⅺ条的规定，与公众和国际科学界真诚共享根据《阿尔忒弥斯协定》开展的活动所得到的科学信息。

根据其合理解释，并不清楚该条款是否包含任何适当的义务。签署国在广泛传播信息方面“致力于保持透明度”，并“计划共享科学信息”。第一项要求指出须遵守“所在国规则和条例”，第二项则提到了“真诚”。无论对任何适当义务的性质有何想法，本质上该等要求与企业社会责任/环境、社会和治理的定义、领域、活动、原则或信息披露并不相排斥，但要求中提到的“所在国规则和条例”的规定很可能包含限制。

在这方面，举例来说，实施条款中包含了一个广泛起草的适用于该信息的相关“期望”：

（b）签署国的上述双边文书预计还将包含开展此类合作所需的其他条款，包括与责任、知识产权以及货物和技术数据转让有关的条款。

因此，传播或共享第4条所述类型的信息显然属于企业社会责任/环境、社会和治理披露的范畴。但第2条（b）项提及的知识产权和技术数据转让的规定是否限制了第4条？或者说，包括机密信息/专有技术、版权和专利在内的没有明文提及的知识产权，是否必须受复制、许可、转让等条款的约束？代价是什么？这样做对公司（股东）有什么好处？

这比宇航员的救援和返回要直接得多。所有企业行为体在协定第4条所设想的意义上进行传播和共享的一个（甚至是对企业的）好处是，企业行为体将得到这种传播和共享的回报，从而提高互操作性（7.4节），进而增加商业化机会。因此，可以想象，第4条至少涉及一些企业利益的传播和共享情景，这些情景不需要诉诸企业社会责任/

环境、社会和治理原则。

7.3.2 第8条 企业社会责任/环境、社会和治理信息披露不包括专有信息或出口管制信息以及非代表签署国的私营业务

第8条“科学数据的发布”重申了第4节的一些原则，但可能有两个广泛存在的例外情况。

7.3.2.1 专有或出口管制信息除外

第8条第1段提到了一些关于“发布科学数据”的原则。在此，各签署国“意图相互协调”，公开发布与其他签署国根据《阿尔忒弥斯协定》开展的活动有关的信息。这也是一种非常开放的信息共享表达方式，可以加强企业社会责任/环境、社会和治理成果，但必须“对任何专有或出口管制信息提供适当保护”，从而为执行的签署国提供一种方法，以最大限度地释放企业社会责任/环境、社会和治理所能容纳的信息。

7.3.2.2 非代表签署国的私营业务除外

随后，第8条第2段重申了“开放共享科学数据的承诺”。然而，还有一项保留意见可能会限制企业社会责任/环境、社会和治理信息披露所鼓励的最充分的信息发布——该承诺“不适用于私营业务，除非这些业务是代表《协定》的签署国进行的”。因此，出现了这样一种强有力的论点：信息共享将排除“科学数据”的专有信息，这些数据(可能)是私人经营者的专有利益，并且仅用于私人用途。其困难在于如何界定何时是以签署国的名义开展私营业务，何时是(可能由私人运营商)自行开展的私营业务?因此，私营业务方面会造成大量原本属于企业社会责任/环境、社会和治理增强型披露内容被排除在外。例

如，一家私营公司（不代表签署国）以其核心业务模式开展一项私营业务，勘探/开发/编制月球某一特定区域的详细资源地图，其明确目的是将这些数据出售给潜在的私营资源公司（同样不是签署国），那么根据《阿尔忒弥斯协定》，有充分理由将这项活动视作“私人”活动，其相关信息将被视为私营公司与签署国之间的“专有”信息，从而被排除在企业社会责任/环境、社会和治理信息披露内容之外。

当然，正如 7.2.2.1 节所指出的，《阿尔忒弥斯协定》第 2 条第 1（d）段的“实施”条款具有排除根据协议可能产生的企业社会责任/环境、社会和治理信息披露的作用。也就是说，如果企业行为体不是为签署机构行事，则无须遵守《阿尔忒弥斯协定》中的原则。

7.3.3 向公众和科学界通报太空资源开采情况

《阿尔忒弥斯协定》第 10 条“太空资源”也要求签署国“根据《外层空间条约》向公众和国际科学界通报其太空资源开采活动”。从表面上看，该条款允许披露企业社会责任/环境、社会和治理情况。不过，7.7 节将针对签署国申明进行讨论，即这“本身并不构成《外层空间条约》第Ⅱ条规定的国家侵占”。

7.4 互操作性

《阿尔忒弥斯协定》第 5 条提到，开发“可互操作的通用探索基础设施和标准”是为了“加强空基探索、科学发现和商业利用”。

这些成果——如其表述和如若实现——并不需要诉诸企业社会责任/环境、社会和治理的定义、领域、活动、原则或信息披露，以建立可互操作/通用的基础设施，因为它们很可能是以企业（股东）利益为理由而实现的，其目的在于推进企业的商业优势/收益。事实上，该条款本身也提到了“商业利用”。因此，签署机构与其签约公司实体之间为实现互操作性而签订的合同条款很可能符合 7.2.2.3 节所述的董事对公司的责任。

但如果“太空探索”和“科学发现”是在不涉及公司（股东）商业利益的情况下进行的——在签订合同时或在履行合同时——互操作性条款可能会违反《2001 年公司法》（澳大利亚联邦）第 181（1）条和第 180（1）条。

7.5 太空物体登记

《阿尔忒弥斯协定》第 7 条规定各签署国将遵守《登记公约》。该条明确指出了非缔约方实体，且签署国“计划与该非缔约方协商确定适当的登记方式”。虽然协商的意图含糊不清，但似乎（如果意图得以实现）与企业社会责任/环境、社会和治理的定义、领域、活动、原则及信息披露所指向的结果类似——根据《登记公约》进行登记并承担相应的义务。

7.6 保护外层空间遗产

《阿尔忒弥斯协定》第 9 条提出要保护太空遗产，包括“具有历史意义的人类或机器人着陆点、人工制品、航天器和其他活动证据”。这一明确的意向将支持企业社会责任/环境、社会和治理的定义、领域、活动、原则及信息披露，就像目前对地球上的环境、历史及文化遗址所做的那样（《保护世界文化和自然遗产公约》，1975）。该条的表述不受任何其他条款的限制，如包括现在要讨论的《阿尔忒弥斯协定》第10条“太空资源”。

7.7 太空资源不属于《外层空间条约》第Ⅱ条规定的国家拨款

当然，从月球、火星和其他天体（如彗星和小行星）中提取和利用太空资源已经将《阿尔忒弥斯协定》置于有争议的领域，因为对《外层空间条约》第Ⅱ条中的非占有原则的解释将占有部分资源与禁止占有整个天体区分开来。

《阿尔忒弥斯协定》第10条开宗明义地呼吁企业社会责任/环境、社会和治理的定义、领域、活动、原则及信息披露——太空资源的开采和利用“可以为安全和可持续的作业提供关键支持，从而造福人类”。有趣的是，进行这些作业的地点并没有具体说明，无论是地球、月球、火星还是一般的外层空间。

《阿尔忒弥斯协定》第10条第2款的措辞和影响都很复杂，其规定开采和利用太空资源时必须遵守《外层空间条约》。但履行企业社会责任/环境、社会和治理的可能性因签署国申明这“本身并不构成《外层空间条约》第Ⅱ条规定的国家侵占”而受到限制。第2款规定，“与空间资源有关的合同和其他法律文书”也必须遵守《外层空间条约》。因此，相对于私人占有，履行与空间资源的开采、提取及利用有关的企业社会责任/环境、社会和治理的定义、领域、活动、原则及信息披露的顺利与否，取决于这些合同及文书相对于《外层空间条约》的可执行性范畴。第10条第4段提出了制定开采和利用太空资源的国际惯例和规则的意向，这一意向与企业社会责任/环境、社会和治理相似，体现了某种程度的“互操作性”考量。

7.8 消除太空活动的冲突——“适当考虑”“有害干扰”“安全区”的规定考虑了企业社会责任/环境、社会和治理领域和原则

本节将探讨“适当考虑”“有害干扰”“安全区”的定义以及如何确定这些对象。有一种观点认为，如果用于其［使用《2001年公司法》（澳大利亚联邦）第181（1）条中的公司法术语］“适当”目的，这些概念可以扩展到企业社会责任/环境、社会和治理的定义、领域、活动、原则及披露。然而，显而易见的是，这些概念的宽度或扩展可以用来隔离一个签署国的空基活动或开展这些活动的区域，或将该活动或区域排除在外，使其不受《外层空间条约》“自由进入”条款的约束。[①]

7.8.1 “适当考虑”“有害污染”“潜在有害干扰”

7.8.1.1 《外层空间条约》第Ⅸ条和《阿尔忒弥斯协定》第11节

《外层空间条约》第Ⅸ条要求缔约国在包括月球和其他天体在内的外层空间开展一切活动时，“适当考虑所有其他缔约国之相应利益”，并避免“因引进外星物质而造成有害污染及地球环境之不良变化”，包括采取“适当措施”。如果缔约国或其国民“在包括月球和其他天体在内的外层空间进行的活动或实验，可能对其他缔约国和平探索和利用

① 《阿尔忒弥斯协定》第11条第11款提到“自由进入天体的一切区域”。

包括月球和其他天体在内的外层空间的活动造成有害干扰”，缔约国还须事先进行“适当的国际磋商”。

现在来看《阿尔忒弥斯协定》第 11 条，撇开“适当考虑”和“有害干扰”这两个术语的精确度欠佳不谈（von der Dunk，2018；Lyall 和 Larsen，2018），该协定各签署国承认并重申了《外层空间条约》以及第 1 段和第 3 段中有关“适当考虑”和“有害干扰”的规定，并再次要求就后者进行磋商。根据本协定第 11 条第 4 款的规定，各签署国不得采取“蓄意行动”“利用外层空间对彼此根据本协定开展的活动造成有害干扰”。因此，在“适当考虑”和“有害干扰”这两个概念中存在着加强企业社会责任/环境、社会和治理成果的潜力。

本协定第 11 条第 2 款特别提到“适当考虑”联合国和平利用外层空间委员会的《准则》，但对近地轨道以外的作业要做“适当改动”：

在探索和利用外层空间时，应适当考虑联合国和平利用外层空间委员会于 2019 年通过的《外空活动长期可持续性准则》，并做出适当修改，以反映近地轨道以外作业的性质。

值得注意的是，《阿尔忒弥斯协定》第 11 条没有进一步涉及《外层空间条约》第Ⅸ条提及的“有害污染”。《阿尔忒弥斯协定》第 11 条和第 10 条中提到的“太空资源”可能包括在地球上的资源利用（如 7.7 节所述），这一点显得有些奇怪。

7.8.1.2 《阿尔忒弥斯协定》第 11 条针对太空活动增加了“安全危害”和“安全区”相关陈述

《阿尔忒弥斯协定》第 11 条第 5 款要求签署国在（再次）发生有害干扰的情况下，相互提供“关于本协定规定的空基活动的地点和性质的必要信息”，并引入了太空活动“安全危害”的概念。第 11 条没有进一步阐述安全危害。

第11条第6款提到了为界定和确定“安全区”和有害干扰制定相关实践、标准和规则的工作。近年来，随着太空资源利用（或太空采矿）计划的实施以及《阿尔忒弥斯协定》的发布，太空区域问题已成为一个日益重要的话题，而且必须与太空法的基本原则之一保持平衡，即太空供所有人自由探索和利用（Stubbs，2021）。

第7款介绍了“必须通报其活动，并承诺与任何相关行为体协调，以避免有害干扰”的意向。其中关于“任何相关行为体”的提法没有任何限制。据推测，签署国必须与本国——而不仅仅是其他国家——的私营运营商进行通知和协调。（可以想象的是）这会使“任何相关行为体”这一概念受到签署国及其各自太空机构的人为操纵。有趣的是，该款中没有提及非签署国或非机构行为体的义务。这大概属于第2条第1（d）款所列的执行条款——“各签署国承诺采取适当步骤，确保代表其行事的实体遵守本协议的各项原则”。

回到第11条第7款，“安全区”的定义如下：

实施本通知和协调措施，以避免有害干扰的区域……

此外，该款还详细说明了一点：

安全区应是相关活动的标称作业或异常事件可能合理造成有害干扰的区域。

据推测，安全区包括一个进行“标称作业”（“标称”没有确切定义，但推测包括地面和地下采矿等作业）的区域，以及一个“合理”区域，该区域可能是因作业而可能造成泄漏、爆炸、沉降或污染（地球术语）的区域，或是存在病原体或因机械、技术或（非轨道[①]）碎片而造成“异常事件”的区域。

---

① 轨道碎片受《阿尔忒弥斯协定》第12条“轨道碎片”的管辖。

7.8.1.3 有关安全区的原则

《阿尔忒弥斯协定》第 11 条第 7（a）～（e）款规定了有关安全区的大小、范围、性质和存在的若干原则，包括：

1）能够反映作业和环境性质的安全区的大小和范围。

2）以“利用普遍接受的科学和工程原则的合理方式”进行确定。

3）作业的状况和性质的任何变化。

4）安全区“最终是临时性的”，在有关作业停止时终止。

5）根据《外层空间条约》第Ⅺ条，“任何安全区的建立、改变或结束”均需进行通知。

《阿尔忒弥斯协定》第 11 条第 8 款要求向签署国提供“根据各签署国适用的国家规则和条例确定的区域依据”这一略显模糊的概念。

7.8.1.4 保护公共和私人机构人员、设备，作业应反映企业社会责任/环境、社会和治理成果，但受专有信息和出口管制信息的限制

《阿尔忒弥斯协定》第 11 条第 9 款反映了企业社会责任/环境、社会和治理的定义、领域、活动、原则和信息披露，要求保护“公共和私人机构人员、设备及作业免受有害干扰”并提供信息。但与第 8 条类似，关于行动范围和一般性质的信息存在例外情况，即“考虑到对专有信息和出口管制信息的适当保护”。

第 10 款承诺尊重“合理的安全区”，以避免有害干扰。但这一承诺认为安全区不是绝对的——签署国承诺“在根据本协定建立的安全区内开展业务之前，事先通知其他签署国并相互协调”。从表面上看，这将允许一个签署国在另一个签署国的安全区内开展活动，符合太空法条约所规定的自由利用外层空间的原则。至于企业行为体是否会对此感到满意，则是另一回事。

7.8.1.5 《外层空间条约》规定的自由进入天体的一切区域的原则

根据《阿尔忒弥斯协定》第 11 条第 11 款的规定，安全区应根据作业的状况而“改变、演变或关闭”，并鼓励以下作业的开展：

1）“科学发现和技术示范”。

2）“安全高效地提取和利用太空资源，支持可持续的太空探索和其他作业”。

由此可以保证太空探索和其他行动的“可持续性”，而无须进一步解释这一概念。

此外，签署国还承诺遵守“自由进入天体的一切区域的原则以及《外层空间条约》关于使用安全区的所有其他规定”，但并未对在发生冲突时优先考虑哪项原则进行说明。

换句话说，“安全区”概念是否（可能）被签署国或其私人经营者操纵，从而损害企业社会责任/环境、社会和治理的定义、领域、活动、原则或披露，还有待观察。签署国承诺“随着时间的推移调整安全区的使用”，从表面上看，这似乎是在考虑缩小或扩大安全区的面积和范围。这大概必须遵循上文提到的第 11 条第 7（a）～（d）款的原则。

这就涉及一些问题，这些问题会（有可能）产生排除或缩减企业社会责任/环境、社会和治理的定义、领域、活动、原则及披露的效果：

1）是否可以将多个安全区合并在一起，形成一个范围更大的安全区？

2）在卫星运行的情况下，在轨道的某一位置或区域（无论是地球同步轨道还是其他轨道）放置多颗卫星能否阻止任何其他签署机构或私人运营者的卫星放置在该集合安全区？

3）是否可以因为一个签约机构或其私人运营商必须通过另一个签约机构或私人运营商的安全区才能到达太空、月球或火星的某个特定物理区域，就人为地拒绝其进入？

7.9 减少轨道碎片

7.9.1 规划减少轨道碎片并限制"新的、寿命长的有害碎片"的产生

《阿尔忒弥斯协定》第 12 条第 1 款规定，签署国承诺制定减少轨道碎片的计划：

各签署方承诺，减少轨道碎片计划是其飞行任务规划过程的一部分，包括在飞行任务结束时酌情安全、及时和有效地钝化和处置航天器。

第 2 款进一步承诺限制大量航天器产生"新的、寿命长的有害碎片"，包括"正常作业"的航天器：

各签署方承诺，通过采取适当措施，如选择安全飞行剖面和运行配置以及任务结束后对太空构筑物的恰当处置，在切实可行的范围内限制因正常运行、运行阶段或任务结束后的解体以及事故和链接而释放的新的、寿命较长的有害碎片的产生。

因此，第 1 款和第 2 款在措辞上似乎有些不一致——第 1 款提及"轨道碎片"，而第 2 款省略了"轨道"一词，而使用了"新的、寿命较长的有害碎片"的表述。那么，后一种碎片是否必须是"轨道"碎片才能适用该条款？

7.9.2　轨道碎片的来源

从第 12 条第 2 款可以更直观地看出，轨道碎片可能会通过以下方式被释放出来：

1）“正常作业”。

2）“作业阶段或任务结束后的解体”。

3）“事故和连接”。

第 2 款中对“连接”没有进一步定义，但该词与“事故和……”出现在同一词组中。《麦考瑞词典》对“连接”的定义包括：

名词 1. 连在一起的行为；组合。

2. 连在一起的状态；结合；联合。

3. 事件或情况的组合。

……

5. 天文学

a. 天体在同一经度或赤经上相遇。

b. 两个或多个天体经度相同时的情况。

7.9.3　安全区（第 11 条）与轨道碎片（第 12 条）之间的模糊关系

对于第 12 条（轨道碎片）与上文讨论的《阿尔忒弥斯协定》第 11 条（消除空间活动的冲突）在“适当考虑”“有害干扰”“安全区”方面的关系（如有）缺少进一步的阐明。问题在于，第 11 条所述的安全区是否延展至第 12 条中“正常作业”产生的“轨道”碎片或“新的、寿命较长的”有害碎片的“合理”大小和范围［按第 7（b）条中“利用普遍接受的科学和工程原则的合理方式”确定］？或者说，“轨道碎片”或“新的、寿命较长的有害碎片”是否与第 11 条所述安全区分开，或是被第 11 条所述安全区排除在外或包括在内？

7.9.3.1 关于“轨道碎片”（第 12 条）的“正常”作业在第 11 条“安全区”中并未提及

这给解释工作带来了一定的困难。上文所述的第 11 条特别提到（着重部分由作者标明）：

1）“本协定规定的空基活动的地点和性质”（第 5 款）。

2）“对其空基活动构成安全危害”（第 5 款）。

3）“对其活动进行通知”（第 7 款）。

4）“安全区应是相关活动的标称作业或异常事件可能合理造成有害干扰的区域”（第 7 款）。

5）“作业的性质”[第 7（a）款]。

6）“作业的范围和一般性质”（第 9 款）。

7）“避免对本协议规定的作业造成有害干扰”，以及“在安全区内开展作业之前”（第 10 款）。

8）“安全区，预计将根据具体活动的状况而改变、演变或结束”，以及“高效地提取和利用太空资源，支持可持续的太空探索和其他作业”（第 11 款）。

因此，第 12 条中的“正常作业”一词并没有出现在关于安全区的第 11 条中。那么，第 12 条中的“正常作业”是否包括第 11 条中提到的任何活动或作业，或《阿尔忒弥斯协定》中其他地方提到的活动或作业呢？

这里的关键是确定安全区的性质、大小和范围。同样，这可能会对任何企业社会责任/环境、社会和治理的定义、领域、活动、原则或信息披露的范围产生严重后果。这一安全区是否可以（人为地）扩大，以任何太空作业或活动的“轨道”或“新的、寿命较长的有害碎片”为由，排除其他签署国及其空间机构和私人运营商？

即使在卫星的可用/可作业寿命结束并退役或移动之前，该卫星周围的安全区是否包括卫星碎裂碎片（无论是否为轨道碎片）或卫星本身最终（长期）可能位于其中的任何区域？是否可以将一些已报废、退役或因其他原因而失效的卫星移到一个区域，这样，即使这些卫星尚未以任何方式解体，但总体上将构成一个人为的大型安全区？

对于企业社会责任/环境、社会和治理的定义、领域、活动、原则或信息披露而言，安全区的性质、大小及范围的确定是双向的。

例如，结合 7.8.1.2 节和 7.9.3.1 节的讨论，安全区可包括进行“标称作业”（第 11 条）或“正常作业”的区域。因此，这些作业可能包括以下方面：

1）地面和地下采矿或资源开采。

2）因作业而可能造成泄漏、爆炸、沉降或污染（按地球语境理解）的区域。

3）存在病原体或因机械、技术或（非轨道[①]）碎片而造成“异常事件”的区域。

4）存在任何太空作业或活动的“轨道”或“新的、寿命较长的有害碎片”的区域。

以安全为由，对安全区“附近”（使用中性术语）的签署机构或私人经营者、其人员及其他经营者的人身或设备或业务做出此等的解释，将加强企业社会责任/环境、社会和治理的定义、区域、活动、原则或信息披露。事实上，避免可能会损害机构签署人或私人运营商、其人员和其他运营商的人身或设备和业务的“事故”（同样是一个中性词），

① 轨道碎片受《阿尔忒弥斯协定》第 12 条的管辖。

这种出于安全考虑的理由也有可能产生更多的商业利益，因此以股东公司利益为理由是合理的。

但是，对安全区的解释如果人为地扩大或聚合安全区，可能会减少企业社会责任/环境、社会和治理的定义、区域、活动、原则或信息披露，因为它们（再次）人为地将其他机构签署方或私人运营商排除在——如上文 7.8.1.5 节所述——《外层空间条约》规定的自由进入天体的一切区域的原则之外。

本章小结

在商业太空运营方面使用双边协议，如《阿尔忒弥斯协定》，可能会导致意想不到的结果。这些结果包括：一方面，企业社会责任/环境、社会和治理领域、活动、做法及信息披露的内容被封装；另一方面，这些领域、活动、做法及信息披露的内容被移除。其结果取决于对《阿尔忒弥斯协定》的解释，并将决定这些后果对参与外层空间活动的企业行为体的企业股东目的产生的影响是积极的还是消极的。

参考文献

Agreement Governing the Activities of States on the Moon and Other Celestial Bodies, available at https://www.unoosa.org/oosa/en/ourwork/spacelaw/treaties/intromoon-agreement.html. Accessed 24 Feb 2022 ('Moon Agreement').

Agreement on the Rescue of Astronauts, the Return of Astronauts and the Return of Objects Launched into Outer Space, consensus agreement reached in the General Assembly in 1967 (resolution 2345 (XXII)) and entered into force in December 1968, available at https://www.unoosa.org/oosa/en/ourwork/spacelaw/treaties/introouterspacetreaty.html. Accessed 22 Feb 2022 ('Rescue and Return Agreement').

Bainbridge, S. M. (1993). In Defence of the Shareholder wealth maximization norm: A reply to Professor Green. 50 Washington & Lee Law Review, 1423, 1426 - 1427, at SSRN: http://ssrn.com/abstract=303780. Accessed 3 Mar 2015 (footnote omitted).

Charreaux, G. J. (2004, January). Corporate governance theories: From micro theories to national systems theories (Universite de Bourgogne Fargo Working Paper No 1040101, p. 8), at SSRN: http://ssrn.com/abstract=486522. Accessed 3 Mar 2015.

Christensen, I. (2022, April). Commentary, 'Guarding against greenwashing in space' in SpaceNews Inc, SpaceNews, 33 (4): 25, available at https：//SpaceNews. com.

Codelfa Construction Pty Ltd v State Rail Authority of NSW [1982] HCA 24；（1982） 149 CLR 337 （11 May 1982） available at http：//classic. austlii. edu. au/au/cases/cth/HCA/1982/24. html. Accessed 24 Apr 2022，per Brennan J，pp. 407 - 409，[29] - [34]，citing British Movietonews Ltd. v. London and District Cinemas Ltd. (1952) AC 166，at p 185 per Viscount Simon.

Convention for the Protection of the World Cultural and Natural Heritage，adopted on 16 November 1972，by the General Conference of the United Nations Educational，Scientific and Cultural Organization，meeting in Paris from 17 October to 21 November 1972，at its seventeenth session，(entered into force 17 December 1975).

Convention on International Liability for Damage Caused by Space Objects，agreement reached in the General Assembly in 1971 (resolution 2777 (XXVI)) and entered into force in September 1972，available at https：//www. unoosa. org/oosa/en/ourwork/spacelaw/treaties/introliability - convention. html. Accessed 22 Feb 2022 （ 'Liability Convention' ）.

Convention on Registration of Objects Launched into Outer Space，adopted by the General Assembly in 1974 (General Assembly resolution 3235 (XXIX)) and entered into force on 15 September 1976，available at https：//www. unoosa. org/oosa/en/ourwork/spacelaw/treaties/ introregistration - convention. html. Accessed 22 Feb 2022 （ 'Registration Convention' ）.

Corporations and Markets Advisory Committee. (2006，December) . The social responsibility of corporations. Report，Australian Government，Sydney，at http：//www. camac. gov. au. Accessed 3 Mar 2015 （ 'CAMAC Social Responsibility Report' ）.

Davis Contractors Ltd. v. Fareham Urban District Council [1956] UKHL 3；(1956) AC 696，at 729，per Lord Radcliffe.

de Zwart, F. (2015). Enhancing firm sustainability through governance, the relational corporate governance approach (pp. 91 - 92). Edward Elgar Publishing, available at https://www.e - elgar. com/shop/gbp/enhancing - firm - sustainability - through - governance - 9781784715519. html.

de Zwart, M. (2021). To the moon and beyond: The Artemis accords and the evolution of space law. In M. de Zwart & S. Henderson (Eds.), Commercial and military uses of outer space (pp. 65 - 80). Springer.

Diligent. (n. d.). What is environmental, social and corporate governance (ESG)? ESG (Web Page), available at https://insights. diligent. com/esg/. Accessed 13 Jan 2022.

Dodge v Ford Motor Co. (1919). 204 Mich 459, 507; 170 NW 668; 684 (per Ostrander J, Steere, Fellows, Stone and Brooke JJ concurring), available at http://au. westlaw. com. Accessed 16 May 2008.

Elkington, J. (2018, June 25). 25 years ago I coined the phrase "Triple Bottom Line." here's why it's time to rethink it." Capitalism, Harvard Business Review, available at https://hbr. org/2018/06/25 - years - ago - i - coined - the - phrase - triple - bottom - line - heres - why - im - giving - up - on - it. Accessed 13 Jan 2022.

Jensen, M. C. (2002). Value maximization, stakeholder theory, and the corporate objective function. In J. Andriof et al. (Eds.), Unfolding stakeholder thinking. Greenleaf Publishing. Also published in (2001) 14 (3) Journal of Applied Corporate Finance 8 - 21; (2001) 7 European Financial Management 297 - 317 and in M. Beer and N. Norhia (eds), Breaking the Code of Change, Cambridge, MA: Harvard Business Press, 2000 (October 2001), 8, at SSRN: http:// ssrn. com/abstract = 220671. Accessed 3 Mar 2015 (emphasis in original).

Jensen, M. C., & Meckling, W. H, (2000, December). Theory of the firm: Managerial behavior, agency costs and ownership structure. In M. C. Jensen (Ed.), A theory of the firm: Governance, residual claims and organizational forms. Harvard University Press; (1976) Journal of Financial Economics, 3 (4): 5 - 6, at SSRN: http://ssrn.com/abstract = 94043. Accessed 3 Mar 2015.

Kleeman, L. C., & de Zwart, F. (2022). The adoption of ESG into Australia's major banks: Evolving expectations or business as usual? Australian Journal of Corporate Law. (forthcoming).

Licht, A. N. (2003, November). The Maximands of Corporate Governance: A theory of values and cognitive style (ECGI - Law Working Paper No 16/2003), available at SSRN: http://ssrn.com/ abstract = 469801 and (2004) 29 (3) Delaware Journal of Corporate Law 649 - 746, 4, at SSRN: http://ssrn.com/abstract=764025. Accessed 3 Mar 2015.

Lipton, P., Herzberg, A., & Welsh, M. (2018., para 4.75). Understanding Company Law (19th ed., pp. 113 - 114). LexisNexis NZ Limited.

Lyall, F., & Larsen, P. B. (2018). The outer space treaty, 1967 (pp. 49 - 73). Routledge.

Maher, M., & Andersson, T. (2000, February). Corporate governance: Effects on firm performance and economic growth (p. 5), at SSRN: http:// ssrn.com/abstract=218490. Accessed 3 Mar 2015.

Protocol Additional to the Geneva Conventions of 12 August 1949, and relating to the Protection of Victims of International Armed Conflicts, opened for signature 8 June 1977, 1125 UNTS 3 (entered into force 7 December 1978) ('Protocol I').

Rhee, R. J. (2008). Corporate ethics, agency, and the theory of the firm. Journal of Business & Technology Law, 3 (2), 1101. 1109 - 10, at SSRN:

http：//ssrn. com/abstract=1083478. Accessed 3 Mar 2015.

Stout，L. A.（2007，September）. Stout，'why we should stop teaching dodge v. ford'（UCLA School of Law，Law－Econ Research Paper No 07－11），at SSRN：http：//ssrn. com/abstract=1013744. Accessed 3 Feb 2015.

Stubbs，M.（2021）. The legality of keep－out，operational，and safety zones in outer space. In C. Steer & M. Hersch（Eds.），War and peace in outer space：Law，policy，and ethics（p. 201）. Oxford University Press.

Treaty on Principles Governing the Activities of States in the Exploration and Use of Outer Space，including the Moon and other Celestial Bodies，agreement reached in the General Assembly in 1966（resolution 2222（XXI））available at https：//www. unoosa. org/oosa/en/ourwork/spacelaw/ treaties/introouterspacetreaty. html. Accessed 22 Feb 2022（'Outer Space Treaty'）.

von der Dunk，F. G.（2018）. International space law. Edward Elgar.

Walker v Wimborne [1976] HCA 7；(1976) 137 CLR 1.

第8章　重返月球：合作与冲突

Marco Aliberti，Vinicius Guedes Gonçalves de Oliveira 和 Rodrigo Praino

摘　要　经过数十年的停滞，月球再次成为主要航天大国人类探索活动的主要目标。与冷战结束后载人航天活动所采取的合作方式不同，即将开展的月球探测活动似乎采用了一种更具竞争性的方式，并倾向于使国际航天界逐步分化为两个独立的、可能相互冲突的集团。在此背景下，本章探讨了三个主要航天大国（美国、俄罗斯和中国）在载人重返月球问题上日益激烈的竞争态势。本章剖析了三个航天大国重返月球的国家立场和计划举措，并探讨了他们可能面临的困难局面。本章还分析了几个悬而未决的问题，比如从月球表面“安全区”建立和文化遗址保护，到月球资源的使用和开发，这些都是人类在月球上实现更稳定和长期的活动后，各行为体将面临的问题。

M. Aliberti（✉）
奥地利维也纳欧洲空间政策研究所
电子邮箱：marco. aliberti@espi. or. at
V. G. G. de Oliveira 和 R. Praino
澳大利亚南澳阿德莱德市弗林德斯大学商业、政府与法律学院

M. de Zwart et al.（eds.），Human Uses of Outer Space，Issues in Space，https：//doi. org/10. 1007/978-981-19-9462-3_8

8.1 引言

在美国国家航空航天局阿波罗计划结束 50 年后，月球再次成为主要航天大国人类探索活动的主要目标。美国、中国和俄罗斯都计划在未来 10 年内让各自的宇航员登陆月球表面。虽然没有实质性证据表明他们的计划任务是为了公开地相互对抗，但由于多年以来的信任缺失和更广泛的地缘政治竞争，其建立合作伙伴关系仍然存在固有的问题。事实上，人类在月球上建立（半）永久性人类活动方面的两条相互竞争的道路正在形成。近期事态发展表明，国际航天界正在逐步分化为两个相互竞争且可能相互冲突的探索集团：一边是美国领导的阿尔忒弥斯计划，另一边则是中国和俄罗斯领导的国际月球科研站（International Lunar Research Station，ILRS）工作。在可预见的未来，几乎所有其他航天行为体和新兴行为体的唯一选择就是与这两个相互竞争的计划中的一个进行合作。即将进行的登月任务所具有的象征性意义，以及主要航天大国希望通过在月球上的长期活跃而获得可观的物质利益的意图，进一步加剧了竞争。两大集团之一将有望成为第一个将女性送上月球表面的航天力量，而且很有可能会取得其他一些重要的象征性和物质性成就。

本章探讨和评估了与人类下一波月球探测活动相关的合作与竞争的混合态势。为此，我们审视了人类重返月球的现阶段准备工作，并探讨了一旦两大集团在月球上展开接触将出现的问题。本章将对两大集团计划中的任务之间复杂的相互作用进行思考，并揭示这种相互作用将在登月途中产生的影响。之后，本章就其登月后，国际航天界的两极分化可能产生的影响做了一些阐述。本章分析将特别反映不同的问题领域，未来在月球上的战略互动可能使各行为体面临新的问题，包括月球资源的提取和开发、安全区的建立以及月球环境下可能出现的军事化。

8.2 登月之路：分化的探险？

20多个国家和财团计划在未来几年内开展100多项地月和月球相关活动（Johnson，2022），月球太空探索的新时代正在加速到来。与20世纪60年代人类第一次探索浪潮不同，如今这样一个新时代将为人类在月球上的稳定活动铺平道路，而随之而来的则是“月球政治”的出现，或者说是地球政治在这一新环境中的延续。就像地球上的政治局面一样，这个正在展开的新时代已经呈现出合作与竞争并存的特点。

8.2.1 加强国际合作的作用

国际合作所发挥的作用无疑是即将到来的月球探测浪潮显著的特征之一。国际合作确实已成为世界上大多数太空机构成功实施机器人和载人探索计划的关键因素。联合国在“外空会议50周年”1号主题优先事项“太空探索和创新全球伙伴关系”下设立的探索和创新行动小组也确认了这一点：

没有任何一个太空机构能够在其所需的所有技术领域进行大量投资。这给太空探索任务带来了关键性的挑战。通过发展具有共同目标的伙伴关系，对太空探索感兴趣的实体将能够协调其投资，并以投资回报最大化的方式开展合作，从而能够更早地实现共同目标和目的（UNCOPUOS，联合国和平利用外层空间委员会，2017）。

这些合作带来的好处得到了人们的广泛认可，外国合作伙伴的参与也就顺理成章地成为航天大国和新兴航天国家目前和未来的大多数探索计划的一部分。这一点在欧洲、日本和加拿大体现得尤为明显，因为这些国家天生就倾向于——或者说被迫——在要求苛刻的载人航天领域采取国际一体化的方法。但是，即使对于美国这个太空霸主来说，合作仍然是最重要的。

为实施阿尔忒弥斯计划，美国国家航空航天局正在建立多种合作伙伴关系，目的是使其能够尽可能快地、可持续地登上月球。这些合作伙伴关系不仅包括美国国内的工业界和学术界（NASA，美国国家航空航天局，2021），还包括来自第三国的外国航天机构和工业承包商。从计划的角度来看，主要的合作伙伴仍然是那些已经在国际空间站上开展合作的伙伴。这些伙伴包括欧洲空间局、日本宇宙航空研究开发机构（Japan Aerospace Exploration Agency，JAXA）、加拿大航天局（Canadian Space Agency，CSA），但不包括俄罗斯或中国的航天机构，因为美国为遏制其发展，正日益加重对他们的排斥。《阿尔忒弥斯协定》是这一合作计划的重要结果，这份长达七页的文件详细说明了愿意参加美国阿尔忒弥斯计划的国家同意遵守的一系列原则。虽然这些协定是双边协定，而非具有约束力的国际法文书，但加入阿尔忒弥斯计划必须遵守这些协定。截至 2022 年 12 月，已有 20 多个国家（澳大利亚、巴林、巴西、加拿大、哥伦比亚、法国、以色列、意大利、日本、韩国、卢森堡、墨西哥、新西兰、尼日利亚、波兰、罗马尼亚、卢旺达、新加坡、乌克兰、阿拉伯联合酋长国、英国和美国）签订了《阿尔忒弥斯协定》，根本目的是希望本国宇航员能够飞向月球。

同样，中国和俄罗斯也热衷于利用合作实现外交和计划目的，尽管结果好坏参半。这两个国家的勘探计划都与欧洲国家建立了一些引人注目的伙伴关系，他们在 2021 年联合开展的国际月球科研站工作则向国际贡献开放。2021 年 4 月，在联合国和平利用外层空间委员会（UN Committee on the Peaceful Users of Outer Space，UNCOPUOS）科学和技术小组委员会会议期间，中国国家航天局（China National Space Administration，CNSA）和俄罗斯航天局（Roscosmos）就合作建造国际月球科研站发表了联合声明，正式拉开了这一合作的序幕（Jones，2021）。发表声明后，2021 年 6 月，在圣彼得堡举行的全球太空探索大会上发布了国际月球科研站伙伴关系指南，并成立了机构间联合工作组（China National Space Administration，中国国家航天局，2021）。尽管一些新兴航天国家表示有兴趣参加，但国际月球科研站尚未获得第三国的正式参与。国际月球科研站最近向国际伙伴开放，这在一定程度上解释了国际月球科研站有限的伙伴关系结构。但显然俄罗斯和中国的国际外联工作与美国国家航空航天局和欧洲国家的外联工作并不相称。

8.2.2 竞争态势更加激烈

除了合作作用的增强，在下一波月球探索中还会看到潜在的竞争态势，这样的竞争还会愈发增多。同时，伴随着一种极为普遍的说法，即在重返月球的过程中会出现一场新的太空竞赛。

诚然，与美国和苏联之间的第一次太空竞赛不同，没有一个航天大国公开将其登月野心描绘成与所谓的竞争者站在对立面的单挑竞赛（Johnson，2022）。虽说美国阿尔忒弥斯计划的时间表似乎并非偶然的，但各国太空计划官员都没有正式声明称其要早于某个国家登月。

然而，人们并没有注意到，目前正在进行的两大倡议之间基本上没有交流，至少可以说，三个主要航天大国之间建立伙伴关系本身仍然存在固有的问题。

首先是中美太空合作的情况。中国从一开始就被排除在美国领导的阿尔忒弥斯计划之外，就像 20 世纪 90 年代末的国际空间站一样。此外，美国根据 2011 年所谓的《沃尔夫修正案》（US Congress，美国国会，2011）制定的排华政策也阻碍了中美太空合作之路。该修正案以美国参议员弗兰克·沃尔夫（Frank Wolf）的名字命名，禁止美国国家航空航天局和其他美国组织与中国航天实体开展双边合作。该修正案的颁布得到了美国许多选民的支持，他们认为中国是对美国太空领导地位的直接挑战（US Sabcommittee On Space，美国空间小组委员会，2017）。美国鉴于其在航天界中的传统和顶级地位，对任何可能改变现状的行为都极为敏感（Hunter，2019；Aliberti，2015）。正如 Zhang（2013）所指出的，“自中国作为一个大国加入以来，一直受到美国战略目光的密切关注。这种战略目光将美国对大国竞争的地缘政治设想延伸到了太空，即所谓的第四战场。这种将太空作为新战场的社会描述，使人们将中国想象成一个具有威胁的对象，一心一意地推行太空军事战略，与美国争夺太空霸权”。同样在载人航天领域，美国的政治辩论一直被竞争倡导者所主导，他们指责合作支持者是在“天真地帮助中国赢得一场新的冷战”（Kulacki，2011），并将中国的行为作为其启动新的类似阿波罗计划的理由，以重振美国的太空领导地位。正是在这样的背景下，特朗普政府于 2017 年发布了《1 号太空政策指令》，并指示美国国家航空航天局领导人类重返月球以实现长期活动（Harrison 和 Johnson，2017）。

俄罗斯方面也拒绝了与美国在阿尔忒弥斯计划上建立可能的伙伴

关系。与中国不同，俄罗斯收到了该计划的邀请，俄罗斯航天局和美国国家航空航天局在 2017 年第 68 届国际宇航大会上签署了这方面的第一份备忘录。然而，美国认为与俄罗斯的合作需要俄罗斯航天局接受美国国家航空航天局的计划，这使得俄罗斯政府无法接受加入该计划，并招致时任俄罗斯航天局局长的批评，称美国国家航空航天局的登月计划“过于以美国为中心”（Foust，2020）。由此，俄罗斯决定与中国合作。

最近的事态发展（包括俄乌冲突）加速了俄罗斯航天局与西方太空机构合作的破裂。早在 2021 年，莫斯科就宣布计划退出国际空间站，这一立场在 2022 年得到进一步重申（Russian News Agency，俄罗斯通讯社，2022）。在发生俄乌冲突并遭遇七国集团制裁之后，俄罗斯决定暂停与欧洲空间局和几个欧洲国家在发射器和火星探测器方面的合作，欧洲空间局则决定不再参与俄罗斯的“月球”计划（Foust，2022）。与此同时，俄罗斯还努力加强与中国航天组织的关系（Aliberti，2015）。

这些重要事件确实表明，围绕未来月球探索的两条相互竞争而且可能相互冲突的道路，国际航天界正出现不可阻挡的两极分化：一边是美国领导的阿尔忒弥斯计划以及相关的月球通道和大本营建设，另一边则是中国和俄罗斯领导的国际月球科研站计划。对于所有自身并无类似计划的其他行为体来说，唯一的选择就是加入其领导的两个计划之一。当然，阿尔忒弥斯计划和中俄月球科研站计划原则上都向各级国际合作伙伴开放。因此，参加这两个计划中的一个本身并不排除参加另一个的可能。然而现实情况是，就伙伴关系配置而言，这两项计划在很大程度上是相互排斥的。对于《阿尔忒弥斯协定》的签署国来说，广泛参与国际月球科研站并提供大量捐助在政治上可能会有困难，反之亦然。因此，大多数国家倾向于在阿尔忒弥斯计划或国际月球科研站计划之间择一加入。即使是像欧洲空间局这样的组织也是如此，该组织迄今为止一直与美国以及中国和俄罗斯保持着合作关系，传统上试图将自己定位为更广泛的多边努力的设计师，甚至是孤立大国之间的桥梁建设者（ESPI，欧洲空间政策研究所，2019）。

这种两极分化显然不是无端发生的，在分析时不能脱离主要大国更广泛的航天野心和态度，而是需要将其纳入由地球上的政治竞争所引发的有关太空和太空中的战略竞争这一更广泛的背景中。太空政治毕竟是地球政治在不同媒介上的延续（Bowen，2020）。与两极世界秩序一样，当前的全球局势似乎再次促使国际太空关系走向新的竞赛局面，并成为欧洲-大西洋共同体与中国-俄罗斯伙伴关系之间更深层次地缘政治分裂的体现和征兆。毫不奇怪，“新太空竞赛”或“太空竞赛 2.0”等表述在媒体、学者和从业人员中越来越常见（Goswami，2022；de Zwart 和 Stephens，2019；Rajagopalan，2018；US Subcommittee On Space，2017；Seedhouse，2010）。

当前局势与美苏太空竞赛之间存在着显著的差异，因此将其与美苏太空竞赛相提并论并不恰当，甚至可能会产生误导（Aliberti，2015），但最初的太空竞赛中定义的许多竞争要素（国际威望或软实力竞争、硬实力竞争以及提供公共产品的竞争）（Suzuki，2013）似乎已经在当前的局势中出现。此外，无论当前的局势是否符合太空竞赛的标准，国际航天界围绕两个不同计划的逐步分化，无论如何都必然会放大当前的言论，引导公众的看法朝着这样一种情况发展，并进一步助长已经迫近的竞争模式。

与第一次太空竞赛的情况一样，这种竞争趋势不仅会在太空“第一”（第一位登上月球的女性、第一个永久性前哨站、第一个商业设施等）的成就方面体现，也会在太空合作的“分配者”角色方面体现。国际月球科研站面向国际合作开放，显然与美国正在通过其《阿尔忒弥斯协定》建立的伙伴关系相呼应，其争取合作伙伴的努力呈现出明显的（零和）竞争特征。事实上，美国和中国/俄罗斯都已开始将各自的合作计划与第三国接受其管理勘探活动的规范性愿景联系起来，从而将合作计划竞争化和工具化。

通过《阿尔忒弥斯协定》，美国已经与一些国家签署了双边协议，这些国家不仅愿意在计划层面与美国国家航空航天局合作，而且愿意接受美国确定的原则、指导方针和最佳做法来管理未来的月球活动。通过《阿尔忒弥斯协定》，美国对国际太空条约进行了更具体的法律解释，但这种解释并没有得到普遍认同。因此，美国为自己援引了规范立法者的角色，而这种活动通常是通过联合国框架内更具包容性的辩论来进行的。

在中国和俄罗斯方面，两国尚未争取到第三国的正式参与，但在国际月球科研站的跨机构联合工作组内，两国成立了一个法律小组，负责研究适用的国际法，并为未来的月球活动考虑适当的管理工具。

与伙伴关系配置的最终结果无关，更重要的点在于，如果月球活动因为这两个同时推进的太空计划而导致冻结，恐怕会产生有害的溢出效应，扩大目前对各自太空活动的互不信任和误解，进而使目前制定国际规范和规则的外交工作更加烦琐。最近联合国决议的定位和投票结果证实了这一趋势，中国和俄罗斯投票反对西方提出的决议，美国及其友国则反对中国和俄罗斯的倡议（例如，英国领导的“通过负责任行为的规范、规则和原则减少太空威胁”提案与俄罗斯提出的“不首先在外层空间部署武器”决议）。[①]

① 关于联合国第一委员会的定位和表决情况的报告见 West J（2021）。

同时实施阿尔忒弥斯计划和国际月球科研站计划甚至可能导致所实施的未来月球活动管理原则、规范和规则相互冲突。管理未来月球活动的治理结构很少。美国一直在试图通过《阿尔忒弥斯协定》建立某种规范和规则，以填补国际法留下的空白。然而，其内容仍是存在争议的（甚至对美国的一些最亲密盟友而言也是如此），并受到俄罗斯和中国的广泛批评（ESPI，欧洲空间政策研究所，2020）。国际月球科研站项目是否会像《阿尔忒弥斯协定》那样，与未来合作伙伴接受具体治理原则联系在一起（以及这些原则是否与美国倡导的原则有本质区别），还有待观察。一旦三个超级大国最终登上月球，便可能会进一步加剧在太空资源利用/开发、建立安全区和消除活动冲突等悬而未决的问题上的争论，并造成困难的局面。

8.3　在月球上：更具挑战性的互动

一旦三大航天大国登上月球，那么因两大集团的对立而导致未来月球探测活动被冻结，从而产生的最重大影响确实是可以预期的，而彼此之间的战略互动也将在合理范畴内增加。事实证明，特别是当相关行为体之间的互动管理松散时，对未知领域的探索和人类扩展活动总是充满挑战。月球探索活动也不例外。

迄今为止，关于在太空和包括月球在内的天体上进行战略互动的商定规则十分有限。管理此类互动的一套基本原则、规范和规则，或更简单地说是制度（Krasner，1982），已编入联合国外层空间事务厅（UNOOSA）（2017）在 1967—1979 年间缔结的五项国际条约，其中包括 1967 年《外层空间条约》、1968 年《救援和返回协议》、1972 年《责任公约》、1975 年《登记公约》和 1979 年《月球协定》。后一项协议将为天体活动管理提供更具体的规定，并会建立一个类似于“海底管理局”的组织，但该协议基本上不被国际社会接受，目前只有18个国家加入了该协议，而这些国家大多并非航天国家。在随后的几十年里，其他协定和软性法律文书陆续得以通过，但国际太空制度的核心架构基本保持不变。

同样令人震惊的是，尽管这一制度制定于50多年前，但至今仍运作良好。从新现实主义的角度来看，该制度的生命力并不是因为所有基本原则和规范得到了所有人的接受，也不是因为所有问题得到了解决，相反，这是因为在太空中活动的行为体数量有限，互动程度不高，因此不需要建立侵扰性很强的制度（Aliberti和Krasner，2016）。对于许多太空活动，包括与月球探测有关的活动，各个国家基本上能在不损害他国利益的情况下随心所欲。迄今为止，无论是人类还是机器人的登月活动，都是在利益高度协调的情况下进行的，即在这种情况下，各行为体不需要考虑他方的利益，就能最大限度地提高自己和整个系统的效用。

这样的利益格局在公海等共享环境中罕见，这可以通过一个事实来更具体的解释，即太空中的战略互动历来有限，力量上的不对称比人类互动的任何其他领域都要严重。这种“情况通常使较强大的国家能够通过单边行动获得其最佳结果。因此，建立和维护国际制度的积极性较低，并且基本太空条约中商定的制度安排不出预料地认可了民用、商业甚至军事活动使用和进入太空环境的自由”（Aliberti和Krasner，2016）。在个体决策可能导致集体问题的有限领域，已经建立了相对简单和自我强化的协调制度，以确保稳定。[①] 但是，即使在接

① 国际电信联盟的制度为管理无线电频谱的分配和防止信号干扰提供了明确的理由，因为信号干扰会使所有各方的利益受损。

受了更严格限制的地方，这些限制至少到目前为止并没有对行为体形成真正的制约效果。例如，根据《外层空间条约》第Ⅸ条，各国应适当注意其他行为体的活动。然而，这一原则从未在具体义务方面得到明确界定，也没有阻止各国从事他们希望从事的活动（包括产生碎片的反卫星试验武器，该武器会对各国的太空安全构成威胁）。《外层空间条约》还禁止缔约国对外层空间提出主权要求。虽然这一让步对最富裕、技术最先进的国家可能会产生影响，但考虑到技术水平，这一让步迄今为止并未造成损失。同样，根据《外层空间条约》第四条，各国不得在天体上放置大规模毁灭性武器或建立军事设施。与反对太空主权的要求一样，这一规定会对强国产生极大影响，但也与反对主权一样，至少到目前为止，接受这一规定是不需要付出代价的。在太空制造大规模杀伤性武器或在天体上建立军事前哨站，都将耗费巨资，而且不会改变竞争对手的相对地位。

然而，既不能因为这种相对良性的互动而认为目前的太空制度消除了发生冲突的可能性，也不能认为这种状况可以无限期地持续下去。随着太空技术的进步和登月任务的成倍增加，战略互动也将随之增加，相关行为体的利益也有可能发生碰撞。这将产生——事实上也已经产生了——一种更为迫切的需求，即制定一套更为具体的原则、规范和规则，以引导和规范可能引发争议的问题相关方的预期行为（Masson-Zwaan和Sundahl，2021；Salmeri，2021）。目前的治理结构明显不足，需要各行为体间达成一致，为Stein所说的共同利益困境或共同厌恶困境提供解决方案，即行为体需要避免无限制的决策，以实现个体无法获得的结果（Stein，1982）。

如果在月球活动的国际管理方面没能取得什么进展，冲突的风险必然会增加，特别是在那些已经存在明显分歧的领域（Salmeri，

2021）。在多个问题领域，未来月球上的战略互动可能会使各行为体面临协调与合作问题（共同厌恶困境/共同利益困境），或引发零和冲突。更具体而言，是指这些目标与月球环境的行为体安全、环境安全和可持续性有关，且所有这些目标都无法通过相关行动体的单边行动来实现。如果不在行为上达成一致，每个行为体的情况都可能更糟。

8.3.1 月球行为体安全

由于月球地形的特殊性，越来越多的行为体在同一区域开展人类和机器人活动，这可能会造成一种情况，即一个行为体的活动可能会无意中妨碍或直接威胁其他行为体的安全。非蓄意伤害可能有多种来源，从射频传输到登陆舱产生的粉尘爆炸以及危险材料可能的爆炸。

如果不能就如何最大限度地降低这些干扰风险达成某种普遍共识，就很容易产生冲突。Gilbert 也强调，“除非月球行为体能够成功地交换信息，以便近距离开展作业，否则太空活动的增加可能会增加冲突的风险，并危及航天器和乘员。要在月球上成功开展新空间活动，就必须确保太空任务和乘员不受其他实体活动的干扰。这当中可能需要一些消除冲突的工具”（Gilbert，2022）。

考虑到这些风险，美国提出了《阿尔忒弥斯协定》，试图建立一个由“志同道合”的国家组成的共同体，并在月球着陆点周围建立“安全区”。具体而言，《阿尔忒弥斯协定》第 9 条规定，签署国必须通报其活动，并与任何相关行为体协调，以避免有害干扰。《阿尔忒弥斯协定》还具体做出以下规定。

实施本通知和协调措施以避免有害干扰的区域称为“安全区”。安全区应是相关活动的标称作业或异常事件可能合理造成有害干扰的区域。签署方倾向于遵守以下与安全区有关的原则：

a）安全区的大小和范围，以及通知和协调，应反映正在进行的作业的性质和进行作业的环境。

b）安全区的大小和范围应根据普遍接受的科学和工程原则的合理方式进行确定。

c）安全区的性质和存在预计会随着时间的推移而变化，反映出相关作业的状况。如果作业性质发生变化，作业签署方应酌情改变相应安全区的大小和范围。安全区最终将是临时性的，在有关作业停止时终止。

d）签署国应按照《外层空间条约》第Ⅺ条的规定，将任何安全区的建立、改变或终止迅速通知其余各方及联合国秘书长（NASA，美国国家航空航天局，2020）。

虽然安全区的主要目的是使行为体能够最大限度地降低在附近开展的太空任务所面临的风险，但单方面设立安全区很容易被解释为对月球表面区域的实际占领甚至是宣称主权，而这是《外层空间条约》所禁止的。Vazhapully（2020）认为，如果在安全区阻止任何行为体进入月球表面区域，就等于违反了《外层空间条约》的规定。

类似的考虑可能也适用于争论日益增加的月球历史遗迹保护。这些遗址的重要性已得到航天界的许多业内人士的承认（这些遗址确实是人类地外文明的摇篮），而对于这些遗址是否应被视为人类遗产，从而受到保护，免遭无意或有意的破坏，则存在争议（Hanlon，2021）。然而，制定保护性文书在政治上仍具有挑战性。白宫科技政策办公室在 2018 年的一份相关报告中也承认，“一些国家可能会将美国主导的保护太空文物的尝试视为确保对月球领土无限期权利的幌子，甚至可能建立一种‘插旗’机制，以保护和保存月球遗址和文物作为指导原则，在未来要求更多的领土”（白宫科技政策办公室，2018）。

鉴于建立本质上属于禁区的区域可能带来的后果，在首批八个伙伴宣布签署《阿尔忒弥斯协定》后不久，当时的俄罗斯航天局局长指责美国试图通过该协定绕过《外层空间条约》的核心条款，就不足为奇了（Clark，2020）。中国的利益相关方也表达了类似的担忧（Lan，2020；Zhen，2020）。

在这种不安已经存在的情况下，当两个相距不远的主要航天计划的宇航员开始在月球上工作时，误解、误判甚至失误的风险必然会增加。问题确实很多。例如，如果美国为其大本营划定的安全区与未来的国际月球科研站登陆点重叠，中国和俄罗斯是否会接受该安全区的大小和范围？谁应该有优先权，谁应该做出决定？先到先得是否是决定谁有权建立安全区的最佳方法？如果安全区的面积随着时间的推移而扩大，并导致永久性占领，非《阿尔忒弥斯协定》签署国是否能够进入安全区周边并在其中开展活动？如果其航天器干扰了单方面宣布的安全区内的活动，是否要承担损害赔偿责任？

所有这些都是悬而未决的问题，无法通过单边行动或小范围设置来解决。它们至少需要所有相关行为体进行协调，以避免干扰风险，促进安全的月球作业（着陆、起飞、机动等），并理想地建立促进互操作性的标准。例如，有人提出建立类似国际民航组织的协调机制，以确保进行相互协调（Garretson，2022）。

然而，尽管所有行为体都可能制定一些将安全风险降至最低的规则，并会因此而受益，但他们不会也不可能对应当制定的一套具体规则漠不关心。正如《阿尔忒弥斯协定》的签署一样，志同道合的伙伴之间可能更容易达成一致意见。但在对彼此的活动互不信任的政治对手之间，就不那么容易了。因此，我们认为，探月工作的两极分化将降低达成这种协议的可能性。

8.3.2　月球环境安全

更有可能引发冲突的是未来月球环境的安全问题。在当前处理安全问题的国际制度中，仍存在许多含糊不清和选择性适用（“挑肥拣瘦”）的问题。

一方面，《外层空间条约》第Ⅳ条规定了将月球和其他天体“完全用于和平目的”的义务，而和平一般被理解为无侵略性，而非无军事性。该条款还明确规定，“禁止在天体上建立军事基地、设施和工事，禁止试验任何类型的武器和进行军事演习”（OST，《外层空间条约》，1967）。

另一方面，该条款允许“将军事人员用于科学研究或任何其他和平目的”，允许未来的美国宇航员（Astronauts）、俄罗斯航天员（Cosmonauts）和中国航天员（Taikonauts）成为军官。① 该条款还坚持认为，“不应禁止使用和平探索月球和其他天体所需的任何设备或设施”（OST，《外层空间条约》，1967）。

潜在的紧张关系和潜在的解释分歧范围一直是显而易见的（Schrogl 和 Neuman，2009），但在过去的 50 年里，人类没有执行过月球任务，导致这一问题并不明显。如今人类即将重返月球，这又引发了一场新的争论，争论的焦点是哪些行为符合规定，哪些行为可能违反规定。

划清和平利用与非和平利用的界限可能会变得更加困难。例如，由中国或俄罗斯军事人员运营的月球设施是否属于违反太空条约的行

① 2020 年，美国国家航空航天局与美国太空军之间的一份 2020 年备忘录已经暗示了这样一种发展，强调了二者之间更密切的合作对于在这些遥远的前沿安全可靠地开展行动的重要性（NASA & USSF，美国国家航空航天局和美国太空军，2020）。

为？这不太可能。会不会被认为没有威胁性？这也不太可能。同样，根据现行国际法，军事人员进行的技术演示活动是否属于非和平活动？这很难说。同时，这是否会加剧其他国家受到威胁的感觉？这似乎很有可能。大多数太空技术具有双重用途，要确定意图往往是不可能的，这种情况会产生最坏的情况评估和安全困境。随着这些困境不断升级，人类月球活动逐步军事化的风险几乎不可避免。

即使所有行为体原则上都希望通过商定一套行为规范和规则来避免代价高昂且危险的军事化，但也需要建立核查和执行机制来应对行为体之间的互不信任。与当前的许多太空安全辩论一样，要维护月球上的安全和战略稳定，除了规范规则的制定之外，还要考虑与遵守和维持治安有关的关键问题。仅仅商定什么是遵守规定，什么是不负责任的行为或活动，本身并不足以消除威胁感。只有建立一个制度化的合作机制，明确提出所有行为体都同意的规则，并建立适当的执行机制，对作弊行为进行界定、监督并使作弊的代价无法承受，才能适当管理对行为的期望，并确保未来的月球活动只追求和平目的。

可以说，在既有计划议程又有规范议程的合作伙伴中，可能不太需要这种精心设计的管理结构。但是，在一个两极分化的社会中，建立这样一种制度将同时变得更有必要，也更难达成一致。

8.3.3　月球可持续性

人类在月球上的长期活动，还将引发有关月球飞行任务对月球环境造成的影响及其可持续性问题。除了联合国《长期可持续性准则》对未来月球任务的适用性之外，与月球资源的开采、储存、物流和处置有关的问题也受到越来越多的关注。

人们普遍认为，为了以具有成本效益和可持续的方式在月球上作业，未来的宇航员将需要大幅减少对地球资源的依赖。然而，在共有环境（无论是共同产品还是共同资源）中开展作业，往往会引起对其自然资源过度开发的担忧。在月球上，由于月球环境没有再生系统，因此无法从人类活动的消耗中恢复过来，这些担忧会更加严重。

同样重要的是，月球资源的开发利用仍然是另一个在基本原则和规范上存在分歧的问题，航天大国的立场势必会在这个问题上发生冲突，特别是在国际社会拒绝接受《月球条约》的情况下。太空资源及其利用的定义本身就存在问题，因为其既可以指原地资源利用（根据《外层空间条约》第Ⅰ条，原地资源利用被视为合法活动），也可以指对这些资源进行更有争议的商业开发。商业开发是否符合《外层空间条约》第Ⅱ条和一般习惯国际法的问题尤其具有争议性，也有不同的解释（de Zwart，2022；Kyriakopulos，2018；Su，2017）。

针对这些不确定性，美国颁布了一项国家法律和监管框架，规定私营公司有权开发太空资源并保留对这些资源的所有权（US House of Representatives，美国众议院，2015）。2020 年 4 月，特朗普政府还发布了一项行政命令，拒绝接受 1979 年《月球协定》和太空是全球公域的理念（The White House，美国白宫，2020）。特朗普政府还敦促美国政府牵头开展实质性的外交工作，以期与志同道合的伙伴们共同制定必要的规范和规则，让开发月球和其他地方的太空资源成为可能。正如 Sheldon（2020）所报道的，特朗普的命令“引发了激烈的国际辩论，它表明目前有关太空资源开采以及月球和其他天体地位的商业太空活动的外交和法律安排可能还会被打乱”。不过，美国政府澄清称，其并没有声称对天体拥有主权，其法案将根据美国在国际法下的义务进行解释和适用。在《阿尔忒弥斯协定》中，其进一步重申：“根据《外层空间条约》第Ⅱ条，开采太空资源本质上并不构成国家占有，与太空资源有关的合同和其他法律文书应符合该条约的规定”（NASA，美国国家航空航天局，2020）。

包括欧洲国家在内的一些国家对《外层空间条约》的这一立场和解释提出了质疑（UNOOSA，联合国外层空间事务厅，2018）。不过，反对声音最强烈的是俄罗斯。自2015年美国颁布立法以来，俄罗斯代表在联合国外空委表达了关切，认为单方面通过太空立法管理太空资源是不合法的。根据俄罗斯在联合国外空委的发言，太空资源就是天体，因此受《外层空间条约》第Ⅱ条的制约。

中国也以更为分散的方式表达了一些保留意见（Shen，2021；He，2019）。正如Weeden（2015）所报道的那样：“在太空主权和太空资源利用的议题上，中国一贯赞同发展中国家的观点，即太空是全人类的共同遗产，任何对太空资源的开采和利用都应以公平的方式并在符合国际框架的情况下进行。”

《联合国海洋法公约》（United Nations Convention on the Law of the Sea，UNCLOS）所建立的国际框架正是《月球协定》所设想的解决方案，能够确保在开发月球及其资源的过程中考虑到欠发达行为体的利益，并使所有国家受益。但是，没有一个主要参与者支持这种做法，这加剧了分歧和冲突的可能性。

与发达国家和发展中国家利益冲突的其他领域一样，实力和先发优势将决定结果。具体地说，如果强大的行为体能够通过单边行动获得他们所希望的结果，那么就没有建立制度的基础，就需要对国际法进行解释，以确保商业开发属于使用自由原则的范围。在2021年联合国和平利用外层空间委员会法律小组委员会会议上，美国代表团团长已经明确表示：“在现阶段，美国认为既没有必要也没有实际基础建立这样一个制度”（UNCOPUOS，联合国和平利用外层空间委员会，2021）。

这样一来，权益受损方就几乎没有回旋的余地了。例如，一个国家是否愿意攻击一家根据美国法律在月球表面运营的公司？如果没有更普遍的冲突，这种情况似乎不太可能发生。如果某公司生产的矿物或制造的产品属于另一个州的管辖范围，该州是否愿意对这些矿物或产品提起诉讼？这种可能性似乎更大。无论这些争端将如何解决，缺乏协议是否会加剧资源丰富地区的开采竞争（Goswami 和 Garretson，2020）？无节制的个体开发最终会不会导致对资源的争夺，最终酿成公地悲剧？从长远来看，这些后果似乎同样可信。

与月球安全的情况一样，行为体将面临共同利益的困境。关于国际制度的文献（Krasner，1982；Stein，1982）表明，只有从制度上建立根深蒂固的合作，才能妥善解决这种困境。遗憾的是，两极分化的航天界很难建立起这种制度。

本章小结

外层空间活动，特别是载人航天活动，仍然具有非常重要的象征意义，既是国际合作的象征，也是国际冲突的象征。过去，世界既经历过苏联和美国之间的太空竞赛，也经历过联盟号飞船与阿波罗号飞船对接时的“太空握手”。如今，地球上日益紧张的地缘政治局势，似乎正将国际航天格局引向了新的竞赛局面。

无论正在发展的局势是否符合最初太空竞赛的标准，国际月球探测工作的逐渐两极化必将产生深远的溢出效应，不仅影响地球上的国际关系，也会影响月球本身的国际关系。

人类重返月球的方式将不可避免地对他们到达月球后的互动方式产生影响。美国主导的登月计划与中国/俄罗斯主导的登月计划之间愈加明显的两极分化和竞争态势，将使他们进一步面临更具挑战性的互动，并很可能预示着我们正从 Sheldon 所说的“月球政治”（Lunapolitics）进入“月球争执”（Lunapolitik），即“敌对国家采取零和方式相互竞争，占领和重新占领月球及其周围具有战略或经济价值的位置，而不是共享月球”（Sheldon，2020）。

这种情况反过来又会大大增加误解、误判和事故的风险，最终影响月球行为体的安全、月球的环境安全及其长期可持续性。

当然，本章所描绘的当前竞争态势可能带来的后果并不是一条预设的“死胡同”，但若未妥善应对，相关后果很可能会“一语成谶”。

参考文献

Aliberti, M. (2015) . When China goes to the moon…. Springer.

Aliberti, M. , & Krasner, S. D. (2016) . Governance in Space. In C. Al－Ekabi et al. (Eds.), Yearbook on Space policy 2014. Springer.

Bowen, B. E. (2020) . War in space: Strategy, spacepower, geopolitics. Edinburgh University Press.

China National Space Administration. (2021) . International Lunar Research Station (ILRS) v. 1. http://www. cnsa. gov. cn/english/n6465645/n6465648/c6812150/content. html.

Clark, S. (2020) . Nasa proposals to allow establishment of lunar "safety zones" . The Guardian. https://www. theguardian. com/science/2020/may/20/nasa－new－space－treaty－artemis－accords－moon－mission－lunar－safety－zones.

de Zwart, M. (2022) . The impact of the Artemis accords on resource extraction. In V. Hessel et al. (Eds.), In－space manufacturing and resources: Earth and planetary exploration applications. WILEY－VCH GmbH.

de Zwart, M. , & Stephens, D. (2019) . The Space (innovation) race: The inevitable relationship between military technology and innovation. Melbourne Journal of International Law, 20 (1), 1－28.

ESPI (European Space Policy Institute) . (2019) . China is one step closer to the moon … and Europe? (ESPI Executive Brief n. 28) . https://

www. espi. or. at/briefs/china - is - one - step - closer - to - the - moon - and - europe/.

ESPI (European Space Policy Institute) . (2020) . Artemis accords: What implications for Europe? (ESPI Executive Brief n. 46) . https: //www. espi. or. at/briefs/ artemis - accords - what - implications - for - europe/.

Foust, J. (2020) . Russia skeptical about participating in lunar gateway. SpaceNews. https: //space - news. com/russia - skeptical - about - participating - in - lunar - gateway/.

Foust, J. (2022) . ESA ends cooperation with Russia on lunar missions. SpaceNews. https: //space - news. com/esa - ends - cooperation - with - russia - on - lunar - missions/.

Garretson, P. (2022) . An ICAO for the moon: It' s time for an international civil lunar organization. The Space Review.

Gilbert, A. Q. (2022) . Safety zones for lunar activities under the Artemis accords. Open Lunar Foundation.

Goswami, N. (2022) . The second Space race: Democratic outcomes for the future of Space. Georgetown Journal of International Affairs. https: //gjia. georgetown. edu/2022/01/25/ the - second - space - race - democratic - outcomes - for - the - future - of - space/.

Goswami, N. , & Garretson, P. A. (2020) . Scramble for the skies: The great power competition to control the resources of outer Space. Lexington Books.

Hanlon, M. (2021) . "Due Regard" for commercial space must start with historic preservation. The Global Business Law Review, 9 (1), 130 - 156.

Harrison, T. , & Johnson, K. (2017) . Back to the moon? Understanding Trump' s Space policy directive 1. Center for Strategic and International Studies. https: //www. csis. org/analysis/ back - moon - understanding -

trumps - space - policy - directive - 1.

He, Q. (2019) . 新一轮月球竞赛与太空治理的前景 [A new round of the moon race and the prospects of space governance] . 外交评论 [Diplomatic Review], 3 (1), 120 - 154.

Hunter, C. (2019) . The forgotten first iteration of the 'Chinese Space threat' to US National Security. Space Policy, 47 (1), 158 - 165.

Johnson, K. (2022) . Fly me to the moon: Worldwide Cislunar and Lunar missions. Center for Strategic and International Studies.

Jones, A. (2021) . China, Russia open moon base project to international partners, early details emerge. SpaceNews. https: //spacenews. com/china - russia - open - moon - base - project - to - international - partners - early - details - emerge/.

Krasner, S. D. (1982) . Structural causes and regime consequences: Regimes as intervening variables. International Organization, 36 (2), 185 - 205.

Kulacki, G. (2011) . US and China need contact, not cold war. Nature, 474 (7352), 444 - 445. https: // doi. org/10. 1038/474444a.

Kyriakopulos, G. (2018) . Legal regimes for a sustainable Space resource utilization.

Lan, S. (2020) . 警惕美在月球上演'圈地运动' [Watching the 'enclosures movement' that the US is staging on the Moon] . 解放军报 [People's Liberation Army Daily] 4 (April 14).

Masson - Zwaan, T. , & Sundahl, M. J. (2021) . The lunar legal landscape: Challenges and opportunities. Air and Space Law, 46 (1), 29 - 56.

NASA, & USSF (National Aeronautics and Space Administration) . (2020) . Memorandum of understanding between the national aeronautics and space administration and the United States space force. https: //www. nasa. gov/sites/default/files/atoms/files/nasa _ ussf _ mou _ 21 _ sep _ 20. pdf.

NASA (National Aeronautics and Space Administration) . (2020) . The Artemis

Accords. https://www.nasa.gov/specials/artemis-accords/index.html.

NASA (National Aeronautics and Space Administration). (2021). Artemis Partners. Artemis Program. https://www.nasa.gov/content/artemis-partners.

OST (Outer Space Treaty). (1967). Article IV In Treaty on Principles Governing the Activities of States in the Exploration and Use of Outer Space, including the Moon and Other Celestial Bodies (1967, January 27). 18 U.S.T. 2410, 610 U.N.T.S. 205 (entered into force 10 October 1967).

OSTP (Office of Science and Technology Policy). (2018). Protecting & preserving Apollo program lunar landing sites & artifacts. https://www.whitehouse.gov/wp-content/uploads/2018/03/Protecting-and-Preserving-Apollo-Program-Lunar-Landing-Sites-and-Artifacts-2.pdf.

Rajagopalan, R. P. (2018). Opinion | The global space race, 2.0. The Washington Post. https://www.washingtonpost.com/news/theworldpost/wp/2018/02/13/space-race/.

Russian News Agency. (2022). From international to national: Russia to leave ISS project after 2024. Tass. https://tass.com/.

Salmeri, A. (2021). Effective and adaptive governance for a lunar ecosystem. Space Generation Advisory Council. https://spacegeneration.org/wp-content/uploads/2021/12/EAGLE-Report.pdf.

Schrogl, K., & Neuman, J. (2009). Article VI. In Hobe et al. (Eds.), Cologne commentary on Space Law, Vol. I: Outer space treaty (pp. 70-93). Carl Heymans.

Seedhouse, E. (2010). The new Space rage-China vs. the United States. Springer.

Sheldon, J. B. (2020). # SpaceWatchGL opinion: Lunapolitics or Lunapolitik? The Choice Is Ours. https://spacewatch.global/2020/05/

spacewatch - gl - opinion - lunapolitics - or - lunapolitik - the - choice - is - ours/.

Shen，P.（2021）. 论美国对《月球协定》及外空资源开发的政策演变”[On the evolution of the US policy towards the “Moon agreement” and the development of outer space resources]. 太平 洋学报 [Pacific Journal] 29（4）: 15 - 26.

Stein，A. A.（1982）. Coordination and collaboration: Regimes in an anarchic world. International Regimes，36（2），299 - 324.

Su，J.（2017）. Legality of unilateral exploitation of space resources under international law. International and Comparative Law Quarterly，66（4），991 - 1008.

Suzuki，K.（2013）. The contest for leadership in East Asia: Japanese and Chinese approaches to outer space. Space Policy，29（2），99 - 106.

The White House.（2020）. Executive order on encouraging international support for the recovery and use of Space resources. Infrastructure & Technology - Executive Orders. https://trumpwhitehouse.archives.gov/presidential - actions/executive - order - encouraging - international - support - recovery - use - space - resources/.

UNCOPUOS（United Nations Committee on the Peaceful Uses of Outer Space）.（2017）. Thematic priority 1. Global partnership in space exploration and innovation（pp. 432 - 633）. International Organization.

UNCOPUOS（United Nations Committee on the Peaceful Uses of Outer Space）.（2021）. Agenda item 14 - General exchange of views on potential legal models for activities in the exploration，exploitation and utilization of space resources. Legal Subcommittee.

UNOOSA（United Nations Office for Outer Space Affairs）.（2017）. International Space Law: United Nations Instruments. https://www.unoosa.org/oosa/en/ourwork/spacelaw/treaties.html.

UNOOSA（United Nations Office for Outer Space Affairs）.（2018）. Committee on the peaceful uses of outer space: Legal Subcommittee, 57th session. https://www.unoosa.org/oosa/audio/v3/index-staging.jspx.

US Congress.（2011）. Department of Defense and Full-Year Continuing Appropriations Act. Congressional Records. https://www.congress.gov/112/plaws/publ10/PLAW-112publ10.htm.

US House of Representatives.（2015）. Space Resource Exploration and Utilization Act of 2015. https://www.govinfo.gov/content/pkg/CRPT-114hrpt153/pdf/CRPT-114hrpt153.pdf.

US Subcommittee on Space, Committee on Science.（2017）. Are we losing the Space race to China? US Government Printing Office.

Vazhapully, K. M.（2020）. Space law at the crossroads: Contextualizing the Artemis Accords and the Space resources executive order. Opinio Juris. http://opiniojuris.org/2020/07/22/space-law-at-the-crossroads-contextualizing-the-artemis-accords-and-the-space-resources-executive-order/.

Weeden, B.（2015）. Hearing on China in Space: A strategic competition? US-China Economic and Security Review Commission.

West, J.（2021）. Outer Space. First Committee Monitor, 19（5）, 27-29.

Zhang, Y.（2013）. The eagle eyes the dragon in space-A critique. Space Policy, 29（2）, 113-120.

Zhen, L.（2020）. China, US space rivalry may heat up after Nasa's Artemis Accords signed, analysts say. South China Morning Post. https://www.scmp.com/news/china/diplomacy/article/3105722/china-us-space-rivalry-may-heat-after-nasas-artemis-accords?module=perpetual_scroll_0&pgtype=article&campaign=3105722.